W0041205

FIAT 500

Elmar Scherer

FIAT 500

1936 bis heute

© KOMET Verlag GmbH, Köln

www.komet-verlag.de

Bildquellen: Alle Abbildungen, soweit nicht anders angegeben, von © dpa picture alliance.

Abbildungen auf den Seiten 8 (unten), 13, 16 (oben), 38 (oben), 39, 56, 64, 65, 66, 71, 72, 76, 77, 79, 80, 84, 85, 94, 95, 100-103, 130, 132, 134 (links), 136, 142 von © Fiat Group Automobiles Germany AG.

Abbildungen auf den Seiten 40, 41, 58-63, 126-129 von © DeAgostini Editore, S.p.A., Novara, Italien

Covermotiv: Seite 60

Gesamtherstellung: KOMET Verlag GmbH, Köln

Produktion: FUB, Köln

Coverdesign und Layout: artwork-factory.com

Korrektorat: Petra Biedermann

ISBN 978-3-89836-749-3

Inhalt

Fiat 500 – Wiedergeburt einer Legende

![Sinnbild des Aufbruchs in die Zukunft]

Sinnbild des Aufbruchs in die Zukunft – der neue Fiat 500 wird in Turin am Abend des 4. Juli mit einem großen Showspektakel vorgestellt. Von Stahlseilen gehalten schwebt dieses überdimensionale Modell des Kleinwagens mit 60 Darstellern über die im Fluss Po schwimmende Bühne.

Als der Fiat-Konzern am 4. Juli 2007 den neuen „Fiat 500" in Turin am Ufer des Po im Rahmen einer großen Show vorstellt, bildet ein futuristisches Spektakel einen der Höhepunkte dieses Abends: 60 Darsteller in engen silbernen Anzügen bilden die „menschliche Karosserie" eines überdimensionalen Metallgestells in Form des neuen Fiat 500. Zu elektronischen Klängen wird dieses Auto an Stahlseilen über die im Po schwimmende Brücke gehoben und gleitet auf den verspiegelten Bühnenhintergrund zu: Sinnbild des

Die „menschliche Karosserie" aus Akteuren in engen silbernen Anzügen verweist darauf, dass sich etwa 50.000 Cinquecento-Fans über das Internet an der Gestaltung des neuen Modells beteiligt hatten.

Starts in die Zukunft. Passend dazu können nicht nur 7.000 geladene Gäste, sondern – per Internet – auch Interessierte und Autofans in aller Welt die Fiat-Feier verfolgen.

Doch viele Auto-Liebhaber betrachten das neue Modell mit nostalgischen Gefühlen: Mit dieser festlichen Vorstellung des neuen „Fiat 500"-Modells knüpft der italienische Autokonzern an einen Mythos und an einen der größten Erfolge der Fiat-Geschichte an. Die Präsentation ist der „Relaunch" des „Cinquecento", denn genau 50 Jahre früher, im Juli 1957, war der legendäre Fiat 500 vorgestellt worden: „piccola grande vettura", der „kleine große Wagen" lautete der damalige Werbespruch. Zu Recht: Das elegante und preiswerte Auto prägte die Nachkriegszeit nicht nur in Italien, auch in Deutschland gehörte der runde Kleinwagen zum Straßenbild wie Käfer, Isetta und Goggomobil. Etwa 3,7 Millionen Stück des liebevoll auch „Cinquino" oder „Bambina" (in Deutschland „Knutschkugel") genannten winzigen Autos wurden bis 1975 schließlich gebaut, von denen noch viele auf Straßen in ganz Europa unterwegs sind, häufig von Liebhabern sorgfältig restauriert und liebevoll gepflegt.Für sie und für viele Italiener ist der Mythos Fiat 500 untrennbar mit dem Lebensgefühl der 50er und 60er Jahre in Italien verbunden – egal, ob es sich um die Modell Economica, Normale, Sport, D, F, L oder das letzte Modell „R" aus den Siebzigern handelt. Folgerichtig besteht ein großer Teil der Show am Abend des 4. Juli aus einem nostalgischen Rückblick: Ein Modell mit Wohnwagen erinnert an die Zeit des italienischen „Wirtschaftswunders", als ganz Italien im Cinquino in den Strandurlaub fuhr, eine Marilyn-Monroe-Darstellerin singt dem kleinen Auto ein Geburtstagsständchen, und neben einem roten Modell aus dem Jahr 1968 spielt eine Beatles-Coverband die Hits der Beat-Ära. Und natürlich sind

Der neue Fiat 500 bei seiner Vorstellung am 4. Juli 2007 auf dem Dach des ehemaligen Fiat-Werks Lingotto bei Turin. Lingotto wurde 1926 eröffnet und diente bis 1982 als Automobilfabrik. Unter anderem wurde dort auch der Fiat 500 Topolino gebaut.

auch die Liebhaber des Klassikers in großer Zahl nach Turin gereist, um bei der Präsentation dabei zu sein. Viele Hundert sorgsam gepflegte oder kreativ umgebaute Exemplare des „alten" Cinquecento aus dem In- und Ausland sind in diesen Tagen in Turin zu sehen und verleihen den zahlreichen Feiern in der Innenstadt historisches Flair.

Blick zurück und Blick nach vorne – so ist auch dieses Buch angelegt. Es würdigt den historischen Fiat 500 von 1957, seine Nachfolger und auch den Vorgänger, den Fiat 500 „Topolino" aus dem Jahr 1936. Natürlich wird auch der „neue" Fiat 500 vorgestellt, mit dem der Turiner Autobauer an den Mythos der Nachkriegszeit anknüpft und wieder einen Kleinwagen auf den Markt bringt, der schon jetzt verspricht, wie sein Vorläufer ein Klassiker zu werden: einen „kleiner großer Wagen" eben.

Der Fiat 500 „Topolino"

Ein Fiat 500 Topolino passiert einen Kontrollpunkt bei einer Rallye in Wales, Großbritannien, im Jahr 1937. Auch ins italienischen Bergland und in den wirtschaftlich schwach entwickelten Süden drang der Topolino vor und half so die Wirtschaft anzukurbeln.

Anfang der 1930er Jahre soll Benito Mussolini höchstpersönlich Giovanni Agnelli, den Chef der Fiat-Werke, von der Notwendigkeit überzeugt haben, den Italienern ein erschwingliches und sparsames Automobil anzubieten. Noch Mitte der 20er Jahre hatten die Turiner Autowerke 70 % ihrer Produktion ins Ausland exportiert, doch schon nach der Aufwertung der Lira durch die Regierung 1927 war dies schwieriger geworden. Nach der Weltwirtschaftskrise 1929 muss sich Fiat noch stärker auf das Bestreben nach Autarkie der faschistischen Regierung einstellen, die Absatz- und Produktionszahlen waren eingebrochen. Man konzentriert sich vor allem auf Lastwagen und Nutzfahrzeuge, doch Agnelli ist sicher, dass der Automobilmarkt Wachstum verspricht. Ob nun Mussolini wirklich der Ideengeber für den italienischen „Volkswagen" war (und Hitler diese Idee später für den VW-Käfer kopierte) oder ob die Vision eines „Kleinwagens für alle" von Agnelli selbst kam, sei dahingestellt. Die Modernisierung und Motorisierung

Italiens ist ein politisches Ziel Mussolinis – Senator Agnelli sind hohe Absatzzahlen und die Auslastung seines modernen Turiner Fiat-Werks Lingotto wichtig; beide Projekte überschneiden sich letztlich in der Entwicklung des überaus erfolgreichen Fiat 500, genannt „Topolino" („Mäuschen"). Der Wagen kommt 1936 auf den Markt und bildet das Fundament einer Autolegende der Vor- und Nachkriegszeit: Sein Nachfolger, der „Nuova Fiat 500" oder „Cinquecento" macht nach dem Krieg Fiat zu Italiens marktbeherrschendem Automobilbauer.

Die Entwicklung und Realisation des zunächst Modell „Zero A" genannten Wagens begründet auch den Ruhm eines Anfang der 30er Jahre noch unbekannten jungen Ingenieurs bei Fiat, Dante Giacosa. Dessen Vorgesetzter, der damalige Chefkonstrukteur Antonio Fessia, unterbreitet 1934 dem jungen Mann Agnellis Auftrag, „ein sparsames Kleinauto zum Preis von 5.000 Lire" zu entwerfen. Giacosa, jung und ehrgeizig, fühlt sich der Herausforderung gewachsen und macht sich sogleich mit einem Team von Konstrukteuren an die Arbeit. Es soll also ein Auto entstehen, das etwa halb so teuer ist wie der damalige Verkaufsschlager Fiat 508 „Balilla" von 1934, der je nach Ausführung 10.000 bis 12.000 Lire kostet. Das ist zwar sehr günstig, doch Autofahren blieb weiter den besser Verdienenden vorbehalten. Den neuen Wagen sollten sich auch Arbeiter leisten können.Giacosa über die Entwicklungsphase: „Es war eine unvergessliche Kraftleistung. Während im technischen Büro für Karosseriebau (Rodolfo) Schaeffer Modellzeichnungen entwerfen ließ ... unterrichtete ich mich über die neueste Entwicklung bei den Motoren, Fahrgestellen, Radaufhängungen und anderen Bestandteilen." Er entscheidet sich schnell für einen

Ein Fiat 500 Topolino der ersten Serie vor dem Werksgebäude in Lingotto.

Die Lage des Kühlers leicht oberhalb und hinter dem Motor ermöglicht die abgeschrägte, aerodynamische Frontpartie des Fiat 500 Topolino.

Vierzylindermotor und gegen den Vorderradantrieb – Jahre zuvor hatte ein Motorbrand bei einer Probefahrt mit Agnelli an Bord eine unüberwindliche Abneigung des Firmenchefs gegen den Frontantrieb ausgelöst. Obwohl Giacosas Berechnungen früh nahelegen, dass die Preisvorstellung des Senators unrealistisch ist, treibt sein Team das Projekt eines schnörkellosen und in Großserie günstig zu fertigenden Kleinwagens weiter voran. Am 15. Juni 1936 schließlich bringt Fiat den Fiat 500 auf den Markt. Mit 8.900 Lire Einführungspreis ist er zwar nicht ganz so günstig, wie Agnelli es gefordert hatte, dennoch ist der bald „Topolino" genannte Wagen das kleinste und preiswerteste Auto auf dem Markt und findet reißenden Absatz.

Im Fiat-Werk Lingotto wurden seit 1923 bis zur Schließung 1982 etwa 80 verschiedene Automodelle hergestellt. Es gilt als herausragendes Beispiel moderner Industriearchitektur. Auf dem Dach befindet sich eine Teststrecke – im Innern wurden auf fünf Etagen Fiat-Automobile gefertigt.

Konstrukteur Giacosa orientiert sich beim „Zero A" am Flugzeugbau („A" steht für „aviazione", Luftfahrt) und achtet konsequent auf Leichtbauweise: Der Wagen wiegt leer 535 kg und wird von einem 569-cm³-Vierzylinder-Viertaktmotor angetrieben (Bohrung x Hub – 52 x 67 mm), der 13 PS bei 4.000 U/min leistet. Rodolfo Schaeffers elegante Karosserie mit dem geneigten Kühlergrill und den aufgesetzten Scheinwerfern lehnt sich an die neue „amerikanische Tendenz" an, nun auch Straßenautomobile aerodynamisch zu gestalten. So fährt der Kleinwagen immerhin bis zu 85 km/h schnell.

Ökonomie bei der Konstruktion machen Form, Leichtigkeit, Schnelligkeit und natürlich den niedrigen Preis möglich: Der Motor befindet sich beim Fiat 500 vor der Vorderachse, Kühler und Tank sind oberhalb

Seite 14 Eine Familie genießt einen Ausflug im Fiat 500 B „Giardiniera". Im Jahr 1948 bringt Fiat die überarbeitete Version des Topolino als Limousine und als Kombi heraus. Die Giardiniera auf der Grundlage des Modells B wird nur ein Jahr lang gebaut und dann durch das Modell C mit verändertem Motor abgelöst.

angeordnet, der Vergaser ist niedrig eingebaut. So erübrigt die Schwerkraft sowohl Wasser- als auch Benzinpumpe, und die Lage des Kühlers ermöglicht zugleich die schnittige Form der Frontpartie. Das Getriebe hat vier Gänge, zwei davon (der dritte und vierte Gang) sind bereits synchronisiert. Die erste Generation des Topolino, die „erste Serie" (oder der „Typ A"), wird bis 1948 gebaut und hat vorn Einzelradaufhängung, hinten ist die starre Achse durch Viertelelliptikfedern angehängt. Ende der 30er Jahre wird das Fahrgestell verlängert und die Federung hinten durch Halbelliptikfedern ersetzt.

Das „Mäuschen" – so genannt wegen seiner markanten Scheinwerfer-„Ohren" – ist tatsächlich klein: ein Zweisitzer, nur 3,20 m lang und knapp 1,30 m breit. Seine Höhe von 137,7 cm bietet gerade genug Kopffreiheit für Fahrer und Passagier – und in die Version mit Rolldach kann sich (wenn es nicht regnet!) noch eine Person auf den Platz hinter den Sitzen zwängen. Es gibt den 500 in diversen Varianten: als zweitürige Limousine, mit Voll- oder Rolldach, und auch schon vor dem Krieg wird ein zweisitziger Kastenwagen, der „Furgoncino", gebaut.

Die Karosserie von Rodolfo Schaeffer besticht durch zeitlose Eleganz: Der Fiat 500 genannt „Topolino". Das Modell B bekommt 1948 von Fiat einen neuen und mit 16,5 PS leistungsfähigeren Motor eingepflanzt und fährt so bis zu 95 km/h schnell.

Der ab 1948 gefertigte Topolino B der zweiten Serie wird von einem neuen und mit 16,5 PS leistungsfähigeren Motor angetrieben und fährt bis zu 95 km/h schnell. Auf Basis dieses 500 B entsteht dann die beliebte viersitzige Kombi-Version „Giardiniera Belvedere". Schon 1949 wird das Modell B vom Fiat 500 C abgelöst, dessen Karosserie überarbeitet wurde (und nun drei Zentimeter länger ist) und dessen Motor mit Aluminium-Zylinderköpfen ausgestattet ist. Leistung und Höchstgeschwindigkeit bleiben trotz Gewichtszunahme gleich. In verschiedenen europäischen Ländern wird der Topolino in Lizenz und zum Teil mit Sonderkarosserien nachgebaut: in Frankreich bei Simca, in Deutschland bei NSU, in Österreich bei Steyr-Puch, aber auch in Polen und Indien. Der Topolino ist also nicht nur, aber doch vor allem in Italien

Die Limousine des Fiat 500 Topolino – egal ob Typ A, B oder C – bietet eigentlich nur Platz für zwei. Auch wenn bei schönem Wetter in der Rolldach-Version auch einmal eine zusätzliche Person Platz hinter den Sitzen finden konnte.

unglaublich erfolgreich und beliebt. Bis zum Jahr 1955 werden schließlich fast 520.000 Exemplare der verschiedenen Versionen des Fiat 500 Topolino gefertigt. Der Grund für den Erfolg liegt nicht unbedingt im gelungenen Design. Agnellis Überlegungen zur Massenmobilität erweisen sich als wegweisend: Das Autofahren, bislang ein Privileg begüterter Kreise, wird mit dem Topolino nun auch niederen sozialen Schichten möglich. Italiens Gesellschaft wird mobiler, eine Entwicklung, die auch den armen und strukturschwachen Süden, den rückständigen „mezzogiorno", nicht ausspart. Und vor allem Handwerker und Gewerbetreibende profitieren davon, ihren Aktionsradius über das heimatliche Dorf hinaus ausdehnen zu können. Neue kleine Unternehmen werden gegründet; zugleich schießen Fiat-Händler und -Werkstätten überall gleichsam aus dem Boden. Die Wirtschaft belebt sich, was durchaus im Sinne der regierenden Faschisten ist, die Mobilität und Technik ohnehin zu Propagandazwecken – Stichworte: Autorennen und Fernstraßenbau – nutzen.

Fiat verändert Italien, und umgekehrt verändert der Erfolg Fiat: Aus der Schmiede für Luxusfahrzeuge und Lastwagen in den 20er und 30er Jahren wird ein Autobauer, der mit Klein- und Mittelklassewagen den größten Umsatz macht. Im Jahr 1939 wird das neue Werk Mirafiori eingeweiht; etwa 55.000 Menschen arbeiten zu dieser Zeit bei Fiat. Neben dem Fiat 500 Topolino haben die Modelle 1100 und 1500 maßgeblichen Anteil am Erfolg. Diese Entwicklung setzt sich nach dem Zweiten Weltkrieg fort. In den nur wenig zerstörten und bald wiederaufgebauten Turiner Werken Mirafiori und Lingotto schreibt man zunächst die Erfolgsgeschichte des Topolino (und auch des Fiat 1100 und 1500) weiter. Die Technik dieser Modelle ist auch nach zehn Jahren durchaus noch auf der Höhe der Zeit. Doch konsequent setzt man auf neue Entwicklungen: Schon 1950 stellt Fiat in Genf das neu konstruierte Modell Fiat 1400 vor.

Die Nachkriegszeit

Anfang der 50er Jahre wird der Konzernleitung um Vittorio Valletta klar, dass sich Fiat im Bereich Klein- und Mittelklassewagen der ausländischen Konkurrenz stellen muss. Die Entwicklung des erschwinglichen Mittelklassewagens Fiat 600, des „Seicento", spiegelt diese Erkenntnis wider. Fiat präsentiert ihn 1955 als Nachfolger des Fiat 508 Balilla: ein elegant gestalteter und vor allem mit 590.000 Lire sehr günstiger Viersitzer, an dem die Konstrukteure seit 1951 gearbeitet hatten.

Typisches Merkmal des Fiat 500 B Giardiniera: Der Aufbau bestand neben den Metallteilen der Limousine aus Holz und Faserplatten. Die Lieferwagen-Version, der Fiat 500 B Furgoncino, hatte dagegen eine ganz mit Blech verkleidete Karosserie.

Doch trotz seines Erfolgs ist der „Seicento" noch nicht der neue italienische Nachkriegs-Volkswagen für jedermann. Ein Nachfolger für den „Topolino" muss her. An diesem Projekt, intern „110" genannt, arbeiteten Dante Giacosa und seine Ingenieure seit 1953. In diesem Jahr hatte Hans-Peter Bauhof, ein junger Konstrukteur aus dem deutschen NSU-Fiat-Werk, Giacosa den Entwurf eines Kleinwagens mit ILO-Zweitaktmotor im Heck vorgelegt, der deutlich vom VW-Käfer inspiriert war. Giacosa erschien ein Zweitaktmotor als nicht zuverlässig genug, doch ansonsten war er von der Bauweise und der Karosserie durchaus angetan: Der „110" sollte günstig in Großserie zu fertigen sein, und da erschien Bauhofs „Roller mit Dach" vielversprechend.

Wie alles begann: die Gründung der „Fabbrica Italiana Automobili Torino", kurz „F.I.A.T." genannt, am 11. Juli 1899 (Gemälde von Lorenzo Delleani). Neun Turiner Persönlichkeiten brachten zusammen das geforderte Startkapital von 800.000 Lire für die neue Aktiengesellschaft auf. Von links nach rechts: Graf Bisometti, Cesare Racca, Graf Bricherasio, Michele Ceriana, Giovanni Agnelli, Ludovico Scarfiotti, Marchese Ferrero und (stehend) Luigi Damevino und Cesare Goria Gatti. Graf Bricherasio war der erste Präsident von Fiat. Giovanni Agnelli (1866-1945), eigentlich Kavallerieoffizier, war zunächst „nur" Sekretär des Verwaltungsrats, wurde aber schnell zum eigentlichen Macher und Kopf der Firma, die nach dem Ersten Weltkrieg zum wichtigsten Unternehmen Italiens aufstieg.

Giovanni „Gianni" Agnelli (1921–2003), der Enkel des Fiat-Gründers Giovanni Agnelli, hier mit seiner Freundin Jackie Kennedy im Jahre 1962. Agnelli wurde offiziell 1966 Vorstandsvorsitzender des Unternehmens – und einer der mächtigsten Männer Italiens. Zunächst war er als Playboy bekannt geworden, hatte aber bereits als Fiat-Vizepräsident seit 1953 eng mit dem damaligen Firmenchef Valletta zusammengearbeitet. Nach dessen Ausscheiden schrieb Agnelli die Erfolgsgeschichte des Fiat-Konzerns auch in den schwierigen Jahren der wirtschaftlichen Stagnation Ende der 60er Jahre fort.

Ein Fiat 500 C bei einem Sicherheitstraining auf dem Gelände einer Autorennstrecke in Turin im Jahre 1952. Bis 1955 wird der populäre Topolino noch produziert, insgesamt laufen in Lingotto fast 520.000 Exemplare vom Band.

Seite 20: Der italienische Rennfahrer Luigi „Gigi" Villoresi (rechts) neben einem Fiat 500 C „Giardiniera Belvedere" in Turin im April 1951. Ab 1949 war beim Topolino C die Karosserie verändert: Limousine und Kombi wiesen nun nicht mehr die charakteristischen aufgestellten Scheinwerfer-„Ohren" auf, die Scheinwerfer waren nun in die Kotflügel integriert. Zwar gab es den Kombi jetzt mit Stahlkarosserie, aber das typische Aussehen der Lieferwagen wurde beibehalten.

Wie die Limousine ist der Fiat 500 „Giardiniera Belvedere" zwar ein Zweitürer, bietet im Gegensatz zu ihr aber vier Personen Platz.

*Seite 24: Endmontage des Fiat 500 B im Werk Mirafiori, auf-
genommen 1948. Im Jahr 1939 wird das neue Fiat-Werk
Mirafiori eingeweiht.*

Der Topolino als „NSU Spyder 500", ab 1939 bei NSU-Fiat in Neckarsulm gebaut, hier mit vier menschlichen „Mäusen." „Topolino" ist übrigens der ursprüng-liche italienische Name für Mickey Mouse.

Luftbild des 1939 eingeweihten Fiat-Werks Mirafiori. Der Autobauer beschäftigt damals rund 55.000 Arbeiter, etwa 30.000 arbeiten in Mirafiori.

Prominente Beteiligung beim historischen Rennen „Mille Miglia" im Jahr 2001: die italienische Prinzessin Alessandra Borghese (links) und Fürstin Gloria von Thurn und Taxis (Mitte rechts) in ihrem Fiat 500 Sport, Baujahr 1938.

Die Rundstrecke führt von Brescia nach Rom und Florenz und zurück und ist rund 1600 km lang (also etwa 1000 US-Meilen). Die historischen „Tausend Meilen" waren ein Klassiker unter den Langstrecken-Straßenrennen und fanden in den Jahren 1927 bis 1957 statt.

Seit 1977 gibt es eine Neuauflage des Rennens mit historischen Fahrzeugen. An den Mille Miglia hatten neben Rennwagen auch Tourenwagen teilgenommen, unter anderem auch der Fiat 500.

Eine deutsche Topolino-Enthusiastin in ihrem Fiat 500 Giannini, Baujahr 1939. Sie ist Teilnehmerin der achten Jochpass Memorial & Historic Rallye (2006) und tuckert mit 45 PS den Jochpass im Oberallgäu hinauf. Giannini baute schon den Topolino zum Roadster um. Nach dem Krieg gab es auch vom Cinquecento schnelle Giannini-Versionen, wie der Giannini 590 GT.

1957: Der Fiat 500 Nuova

Obwohl der Fiat 500 heute unbestritten einer der meistgebauten Kleinwagen in Großserie ist – 3.678.000 Stück werden schließlich bis 1975 produziert –, scheint der „neue 500" bei seinem Erscheinen im Sommer 1957 zunächst ein Misserfolg für Fiat zu werden: Die Kunden nehmen ihn schlicht nicht an. Seine eigentliche Erfolgsgeschichte beginnt erst einige Zeit nach der Markteinführung, denn trotz des anfänglichen Zögerns der Kunden erweist sich der neue Wagen als solide durchkonstruiert und unschlagbar preiswert. In der Entwicklungsphase hat Dante Giacosa alle Register gezogen, um Material, Gewicht und Kosten bei der Produktion zu sparen. So wurde beispielsweise die Blechfläche für die Karosserie reduziert, um den Materialverbrauch und das Gewicht zu minimieren. Die Felgen sind so entworfen, dass sie auch ohne zusätzlich Radkappen gut aussehen. Auch bei der Herstellung sparen einige gute Einfälle Arbeitsschritte, Zeit und damit Geld: In den großen Pressen entstehen die rechten bzw. linken Seitenteile des Fiat 500 in einem Arbeitsschritt zusammen mit der Karosserie-Verstärkung der jeweils anderen Seite.

Giacosa verwendet einige Zeit auf die Erprobung verschiedener Antriebe. Dass es ein Heckantrieb sein würde, war klar, aber mit welchem Motortyp? So werden luftgekühlte Viertaktmotoren in verschiedenen Bauweisen und Anordnungen in Prototypen eingebaut: mit vorderer oder seitlicher Brennkammer, mit untenliegender Nockenwelle und so weiter. Sowohl Boxermotoren als auch Reihenmotoren werden ausprobiert, die man längs und quer zur Fahrtrichtung einbaut. Giacosa ist der Boxermotor schließlich zu teuer, andere Motorentypen bieten nicht genug Zuverlässigkeit oder verursachen zu viele störende Vibrationen. Schließlich entscheidet er sich für einen luftgekühlten Zweizylinder-Reihenmotor (Gleichläufer oder „twin") mit 479 cm³ Hubraum. Zwar ist auch dieser Motor wegen der zwei parallel angeordneten Zylinder nicht ganz vibrationsfrei, doch eine Federaufhängung des Motors gleicht dies teilweise aus. Die hängenden Ventile werden mit Hilfe einer Steuerkette über Stoßstangen und Kipphebel gesteuert. Der Antrieb leistet 13,5 PS bei 4000 Umdrehungen pro Minute. Wie der 600 hat der „Nuova 500" eine moderne, schnittige und selbsttragende Karosserie. Fiat-Designer Giorgetto Giugiaro, der sie mitentworfen hatte, erhält dafür 1959 immerhin den wichtigen italienischen Designpreis „Compasso d'oro."

Im Prinzip ist der neue Fiat 500 ein Zweisitzer, und in Deutschland ist er auch nur als solcher zugelassen. Hinter Fahrer- und Beifahrersitz ist eine schmale, stoffüberzogene Stufe, auf der bestenfalls zwei Kinder unbequem Platz haben. Eine Rücksitzlehne ist nur gegen Aufpreis erhältlich. Mit einer Höchstgeschwindigkeit von 85 km/h ist er nicht gerade schnell. Der eigens entwickelte Motor ist, wie schon erwähnt, leider nicht völlig vibrationsfrei – vor allem aber ist er laut. Ein heutiger Autor schreibt, der Motor des Fiat 500 N sei „laut, aber nicht nervig". Nervig aber konnte er sehr schnell werden, wenn man schneller als 70 km/h fahren und sich dabei unterhalten wollte. Bezeichnend ist hier die Antwort eines deutschen Fiat-500-Fahrers auf die Frage nach der Rentabilität des (damals nur gegen Aufpreis erhältlichen) Radios im Fiat 500 F der 60er Jahre: „Das Radiohören wird nur bei stehendem Wagen zum Genuss."

Doch der recht laute Motor und der als eher schwächlich empfundene 13-PS-Antrieb sind nicht die eigentlichen Gründe dafür, dass der Nuova 500 zunächst bei den Käufern durchfällt, und das trotz eines sehr niedrigen Preises – er kostet nur 490.000 Lire (etwa das, was ein italienischer Arbeiter in einem halben Jahr verdient) und bietet dafür ein kleines, voll-

Der langjährige Fiat-Chefkonstrukteur, Dante Giacosa (1905-1996) an seinem 90. Geburtstag, zusammen mit Fiat-Manager Paolo Cantarella. Über vierzig Jahre, von 1928 bis 1970, gehörte der „Vater" des Topolino und des Cinquecento dem Unternehmen an, seit 1946 als Chef der Konstruktionsabteilung. Er war an der Entwicklung von mindestens zwanzig Automodellen beteiligt, nicht nur bei Fiat, sondern auch bei Autobianchi und Cisitalia.

wertiges Auto: eine Fahrgastzelle, zwei Sitze auf vier Rädern. Aber eben nicht viel mehr – und das ist der Hauptgrund, warum der Cinquecento für Fiat beinahe zum Flop geworden wäre.

„Kleines großes Auto": Markteinführung und Verkäufe des 500 N

Das Fiat-Management und der Konstrukteur Dante Giacosa hatten die Konsumorientierung und den ver-

änderten Lebensstil der italienischen Kunden in der Nachkriegszeit außer Acht gelassen. Giacosa war der Auffassung gewesen: „Der Italiener wollte ein Auto und hätte sich auch mit dem kleinsten Raum zufriedengegeben, wenn sich dieser nur auf vier Rädern befand: Mochte es auch noch so klein sein, ein Auto würde

Seite 32: Autocorso bei der Präsentation des „Nuova Fiat 500" am 3. Juli 1957: Fotomodelle fahren in 120 Cinquecento-Modellen an der Fassade des Fiat-Werks Mirafiori vorbei.

Auch der Turiner Kardinal Fossati zeigt Interesse, als ihm der neue Fiat 500 im Juli 1957 vorgestellt wird.

immer noch bequemer sein als ein Motorroller, besonders im Winter und an Regentagen." Aber Mitte der 50er Jahre reicht ein bloßer fahrbarer Untersatz, wie es der Topolino gewesen war, eben nicht mehr. Der Kunde will jetzt wenigstens die Anmutung von Modernität, Komfort, Schick und Eleganz. Das heißt: ein Mehr an Ausstattung und vor allem eine Karosserie mit Chromdetails. Das alles fehlt beim „Nuova 500" völlig. Preiswert und sparsam konnte ein Auto ruhig sein, es sollte aber keinesfalls so aussehen, auch wenn Hubraum und Innenraum klein sind. Doch beim neuen 500 ist nicht nur die Grundausstattung minimal, sondern auch die gegen Aufpreis erhältlichen Extras – es gibt nämlich nur drei: Scheibenheizung für die Windschutzscheibe, Plastik-Sonnenblende und Weißwandreifen. Damit kann man keinen gesellschaftsfähigen Auftritt hinlegen. In den Augen der Zeitgenossen verleiht ein solches Fahrzeug nicht viel mehr Status als der Besitz eines Motorrollers. Und schon für 150.000 Lire mehr erhält der Autokäufer im

Jahr 1957 ein größeres, viersitziges Auto aus dem gleichen Haus, den Fiat 600, mit wesentlich mehr Komfort und Prestige.

Doch zurück zur Markteinführung. Das Auto, das zuvor intern stets „110" geheißen hatte, wird im Sommer 1957 nun offiziell als „Nuova 500" vorgestellt. Nun schlägt die Stunde der Fiat-Werbeabteilung, und die lässt sich durchaus etwas einfallen. Man möchte an den Erfolg des „Topolino" anknüpfen und verkündet vollmundig: „Zwanzig Jahre nach der Schaffung des ersten ‚500' tritt mit gleichem Erfolg der ‚Nuova 500' in seine Fußstapfen, ein vollkommen neues, billigeres und sparsameres Auto, das würdig ist, dem ersten Gebrauchswagen der Welt, der von der Turiner Automobilfabrik hergestellt wurde, nachzufolgen." Auch wenn die dazugehörige Werbekampagne für heutige Verhältnisse bescheiden anmutet – für die damalige Zeit muss man von einem geschickt inszenierten Medienspektakel sprechen.

Am 1. Juli 1957 setzt Fiat den allerersten Auftritt des neuen Wagens auf Italiens Straßen äußerst werbewirksam in Szene: Kein Geringerer als der damalige italienische Ministerpräsident Adone Zoli fährt zusammen mit Carlo Salamano (Fiat-Testfahrer und Ex-Rennfahrer) im neuen Fiat 500 durch die Viminale-Gärten von Rom. Einen Tag später, am 2. Juli, findet dann die offizielle Vorstellung des Fiat 500 N statt, ein Cocktailempfang für Motorjournalisten im Turiner Sporting Club. Doch das ist nicht alles: Am 3. Juli lässt die Konzernleitung schließlich 120 Modelle des neuen 500 von Ausstellungsräumen am Corso Bramante durch die ganze Stadt zurück zum Fiat-Werk Mirafiori fahren. Von da aus geht es, von Models begleitet, ins Turiner Stadtzentrum. Dante Giacosa erinnert sich:

Das „kleine große Auto" Fiat 500 mit Fotomodell auf der Piazza San Carlo in Turin. Nach dem Autocorso am 3. Juli in Turin wurden die neuen Fiat-Kleinwagen in mehreren italienischen Städten präsentiert. Zur Vorstellung des Cinquecento initiierte Fiat (ähnlich wie bei der Vorstellung des Fiat 600) eine groß angelegte Medienkampagne, inklusive Fernsehreportage.

Als Erster darf der italienische Ministerpräsident Adone Zoli (dritter von links) den neuen Wagen begutachten: Mit dem Ex-Rennfahrer und Fiat-Testleiter Carlo Salamano dreht er eine Runde durch die Viminale-Gärten der italienischen Hauptstadt. Fünfzig Jahre später, im Juli 2007, werden wieder ein Präsident und ein Rennfahrer am Steuer eines neuen Fiat 500 sitzen: Giorgio Napolitano und Michael Schumacher.

„Die Werbekampagne erfolgte in großem Stil. Das Fernsehen stellte seine Kameras in der Fabrikhalle von Mirafiori auf ... Auch ich wurde zu einem Live-Interview gerufen, das ich am Montageband gab." Immerhin war das italienische Fernsehen, die RAI, erst drei Jahre zuvor gegründet worden. Eine beeindruckende Medienkampagne also, die nach drei Tagen nicht zu Ende ist: Der neue Fiat wird in Städten in ganz Italien der Bevölkerung vorgestellt.

Leider zeigt die spektakuläre Markteinführung nur wenig Wirkung: Die Verkäufe des „500" laufen im Sommer 1957 schleppend an. Der Nuova Fiat 500 kommt wohl einfach zum falschen Zeitpunkt, nämlich in den Ferien: Wenn ganz Italien in den zweiwöchigen Sommerurlaub fährt, denkt kein Mensch daran, ein Auto zu kaufen. Schon gar nicht einen spartanisch ausgestatteten Zweisitzer ohne Innenraumlüftung. Lediglich zwei dreieckige Ausstellfenster lassen sich zu

Luftschlitzen öffnen – nicht eben ideal in den heißen italienischen Sommermonaten. Und bei vollständig geöffnetem Rolldach zerrt der Fahrtwind an den Insassen und an deren Nerven. Nicht nur das Management, auch Giacosa selbst ist sehr enttäuscht vom sich abzeichnenden Misserfolg. Der gestresste Ingenieur soll am Rande des Zusammenbruchs gewesen sein und verabschiedet sich erst einmal selbst in die Ferien.

Nachbesserung und Aufwertung: Fiat 500 „economica" und Fiat 500 „normale"

Im September 1957 schon bessert Fiat nach. In der Hoffnung, den neuen Kleinwagen so für die Kunden attraktiver zu machen, werden am Basismodell in zwei Bereichen Veränderungen vorgenommen: am Motor und an der Ausstattung. Der Antrieb wird durch bessere Versorgung und andere Einstellung der Ventile nun etwas leistungsfähiger, statt 13 PS hat der „neue Neue" jetzt immerhin 15 PS (bei 4.000 U/min) – damit steigt die Höchstgeschwindigkeit auf immerhin 90 km/h. Dazu kann man die seitlichen Ausstellfenster jetzt arretieren: So ist eine kontrollierte Belüftung des Innenraums wenigstens ansatzweise möglich. Die neue Basisversion wird „Fiat 500 economica" (in Deutschland „Standard") genannt, die Produktion des spartanischen Ur-Modells, der sogenannten „ersten Serie", nach nur drei Monaten eingestellt; erhaltene Exemplare sind heute sehr rare Sammlerstücke. Und Fiat senkt den Preis deutlich: Die Basisversion „Economica" ist schon für 465.000 Lire zu haben.

Auch in Turin hat man nun die Zeichen der Zeit erkannt und bietet den Kunden nun mehr: Dem besser motorisierten „Economica" stellt man auf dem Turiner Autosalon den „Normale" zur Seite, sozusagen die Luxusversion, die selbstverständlich ebenfalls 13 PS unter der hinteren Motorhaube hat. Vor allem zieren nun Chromleisten die Frontleuchten, die Seiten

Bei einer Präsentation auf der Piazza San Marco in Venedig am 5. Juli 1957 wird der neue Fiat 500 von Autofahrern kritisch begutachtet. Wegen seiner allzu schlichten Ausstattung und der ungünstigen Markteinführung im Hochsommer liefen die Verkäufe des Cinquecento nur schleppend an, daran änderte auch die Werbefahrt durch verschiedene italienische Großstädte nicht viel.

und die Haube vorn. Auf dem Heck prangt der Schriftzug „Nuova 500" – und darüber gibt es statt des weit heruntergezogenen Rolldachs mit Plastikfolie jetzt ein verschweißtes Dach mit fester Heckscheibe und ein etwas kürzeres Rollverdeck. Die Seitenfenster des „Normale" kann man herunterkurbeln. Serienmäßige Sonnenblende, verchromte Radkappen und insbesondere ein gepolsterter Rücksitz mit Lehne machen den neuen „Normale" zu einem für viele attraktiven, wenn auch winzigen viersitzigen Auto (in Deutschland wird er nun auch als solches offiziell zugelassen, dort heißt er übrigens „Luxus"). Im Cockpit gibt es ebenfalls Veränderungen: Die Bedienhebel für Licht und Blinker befinden sich nun an der Lenksäule, nicht mehr schlecht erreichbar am Armaturenbrett. Weiterhin aber gibt es serienmäßig weder Heizung oder Lüftung.

Ein Werbeplakat für den Cinquecento, in dem der Wagen als idealer Familienwagen dargestellt wird – doch wenn die abgebildeten Erwachsenen und die zwei „bambini" in die beiden Wagen einsteigen, dann wird es sehr eng. Vor allem, wenn noch zusätzlich Gepäck an Bord ist.

Selbst der Präsident von Fiat, Vittorio Valletta, schätzt den Cinquecento als idealen Stadtwagen. Hier lässt er sich in einem Fiat 500 zum Karosseriebauer Pininfarina fahren. Es ist eine Kurzstrecke: Beide Unternehmen haben ihren Sitz bei Turin.

Die „Luxusausstattung" hat ihren Preis, doch der ist relativ niedrig: Für den „Normale" müssen die Käufer nun die 490.000 Lire hinblättern, die der ursprüngliche Fiat 500 N bei seiner Einführung gekostet hatte. Um Käufer der ersten Serie nicht zu verärgern, bietet Fiat ihnen großzügig die Erstattung der Preisdifferenz oder den kostenlosen Umtausch des „alten" Fiat 500 N gegen den neuen, PS-stärkeren „Economica" an. Mit den beiden überarbeiteten Versionen, insbesondere mit dem „Normale", beginnt die Erfolgsgeschichte des Kultautos, die in den 60er Jahren ihren Höhepunkt findet: Bis 1975 werden immer wieder überarbeitete Modelle des Fiat 500 herausgebracht – insgesamt werden fast 3,7 Millionen Stück gebaut.

Mobilität im Italien der Nachkriegszeit

Wir erinnern uns: Der Fiat 500 Topolino war unter anderem aus dem Bedürfnis entwickelt worden, den Rückstand in der Motorisierung Italiens durch einen von Fiat hergestellten „Volkswagen" aufzuholen. Durchaus mit einigem Erfolg: Am Vorabend des Zweiten Weltkriegs hatte sich die Anzahl der KFZ gegenüber nur 31.500 Stück im Jahr 1920 mit etwa 290.000 immerhin fast verzehnfacht. Im Jahr 1946, nach dem verlorenen Zweiten Weltkrieg, hatte sich diese Zahl zwar zunächst etwa halbiert, doch mit Beginn der 50er Jahre fuhren schon wieder 342.000 Autos und Lastwagen über italienische Straßen. Die weitaus meisten davon waren KFZ mit geringem Hubraum – und der überwältigende Anteil dieser kleinen Autos kam aus Turin: Es waren vor allem die Modelle Fiat 508 Balilla (36.200 Stück), Fiat 507 (3.300 Stück) und Fiat 500 Topolino (131.000 Stück). Im italienischen Wirtschaftswunder der 50er Jahre schließlich rollte die Motorisierung schier unaufhaltsam weiter voran, so dass 1958 schon fast 1,3 Millionen zugelassene Kraftfahrzeuge gezählt wurden. Italien ist also im Begriff, den Rückstand in der Motorisierung gegenüber anderen Ländern mit rasanter Geschwindigkeit auf-

Mediterranes Flair und ein elegantes Auto von Fiat: der Fiat 600, hier mit Teilverdeck. Mit 633 cm³ Hubraum leistet der Motor des Seicento etwa 21 PS und erreicht 95 km/h.

zuholen. Noch 1950 lag Italien im internationalen Vergleich mit 81,5 Einwohnern pro KFZ weit abgeschlagen hinter Westdeutschland (48,7), Frankreich (17) und Großbritannien (15,2) – von den USA gar nicht zu reden, wo bereits jeder Dritte ein Auto besaß. Doch schon 1958, etwa auf dem Höhepunkt des Nachkriegs-Wirtschaftsbooms, kommen in Italien immerhin nur noch 10 Einwohner auf ein Kraftfahrzeug, und mit einer Dichte von 3,4 Einwohner/KFZ ist Mitte der 70er Jahre dann der Rückstand in der Motorisierung nach 20 Jahren aufgeholt. Heute ist das Land übrigens, nach Luxemburg, Spitzenreiter in Europa mit 605 PKW auf 1.000 Einwohner.

Wie die Zahlen verdeutlichen, spielt Fiat bei der Motorisierung Italiens nach dem Krieg die entscheidende Rolle: Ende der 50er Jahre sind mehr als die Hälfte aller im Lande zugelassenen Wagen von Fiat. Aber auch in Westdeutschland gehören Fiat-Modelle nach dem Krieg zum Straßenbild, vor allem die Kleinwagen Fiat 600 und insbesondere die „Knutschkugel" Cinquecento. Die Verkäufe des Fiat 500 (zwischen 17.000 und 20.000 jährlich) bringen Fiat Ende der 50er Jahre in der Hubraumklasse bis 0,5 Liter auf einen Marktanteil von fast 40 Prozent.

Bei der „Luxus"-Variante des Cinquecento, Fiat 500 Normale genannt, verlegte man die zunächst sehr unpraktisch am Instrumentenbrett angebrachten Bedienhebel für Licht und Blinker schließlich an die Lenksäule. Sonderlich luxuriös aber wirkte der Normale auch mit seiner dünnen Rückbankpolsterung immer noch nicht.

Der Innenraum des Fiat 500 N der „ersten Serie" besticht wirklich nicht durch Komfort: Die Sitze sind sehr dünn gepolstert, eine Rückbank gibt es nicht wirklich. Ein „Roller mit Dach" sollte der Cinquencento ursprünglich werden – und viele Italiener sahen keinen Grund, für ein so einfach ausgestattetes Gefährt ein halbes Jahresgehalt auszugeben. Zumal mit dem Fiat 600 ein nur wenig teurerer richtiger Viersitzer erhältlich war.

Ein Modell des ursprünglichen Fiat 500 N der „ersten Serie" von 1957. Die nach vorn öffnenden „Selbstmördertüren" mit Türanschlag an der hinteren Fahrzeugsäule blieben bis 1965 Standard, erst der Nachfolger Fiat 500 F hat aus Sicherheitsgründen nach hinten öffnende Türen.

Mit dem Fiat 500 entdecken Italiener (und andere Nationen) im „Wirtschaftswunder" nach dem Weltkrieg die Freuden des „Weekend". Ausflüge in die Natur im eigenen Automobil werden zur üblichen Art, die Freizeit zu verbringen. Mit Hilfe des Cinquecento wird dies ab 1957 auch dem einfachen Arbeiter möglich, wenn er es schafft, ein halbes Jahresgehalt für die Anschaffung des Kleinwagens beiseite zu legen. Fiat bietet seinen Kunden aber schon seit den 30er Jahren die Möglichkeit der Ratenzahlung an.

Eine vierköpfige Familie sitzt in einem Fiat Nuova 500 aus dem Jahr 1957. Die Türen sind aus dem Kleinwagen ausgebaut, damit man den angeblich ausreichenden Platz für vier Personen sieht. Doch nur Kinder hatten hinten auf der Rückbank ausreichend Platz.

Zehn Fiat Nuova 500 mit Faltverdeck im Jahr 1957 auf einer Straße. Man erkennt deutlich die Blinker an der Seite. Ab Oktober 1959 wandern die Blinker wegen der neuen italienischen Straßenverkehrsordnung an die Front, an ihre Stelle treten kleine runde Positionsleuchten.

Seite 46: Die aufgeklappte Haube gibt einen Blick frei auf den Heckmotor eines Fiat Nuova 500, aufgenommen während einer Präsentation anlässlich des Autosalons in Turin im April 1957.

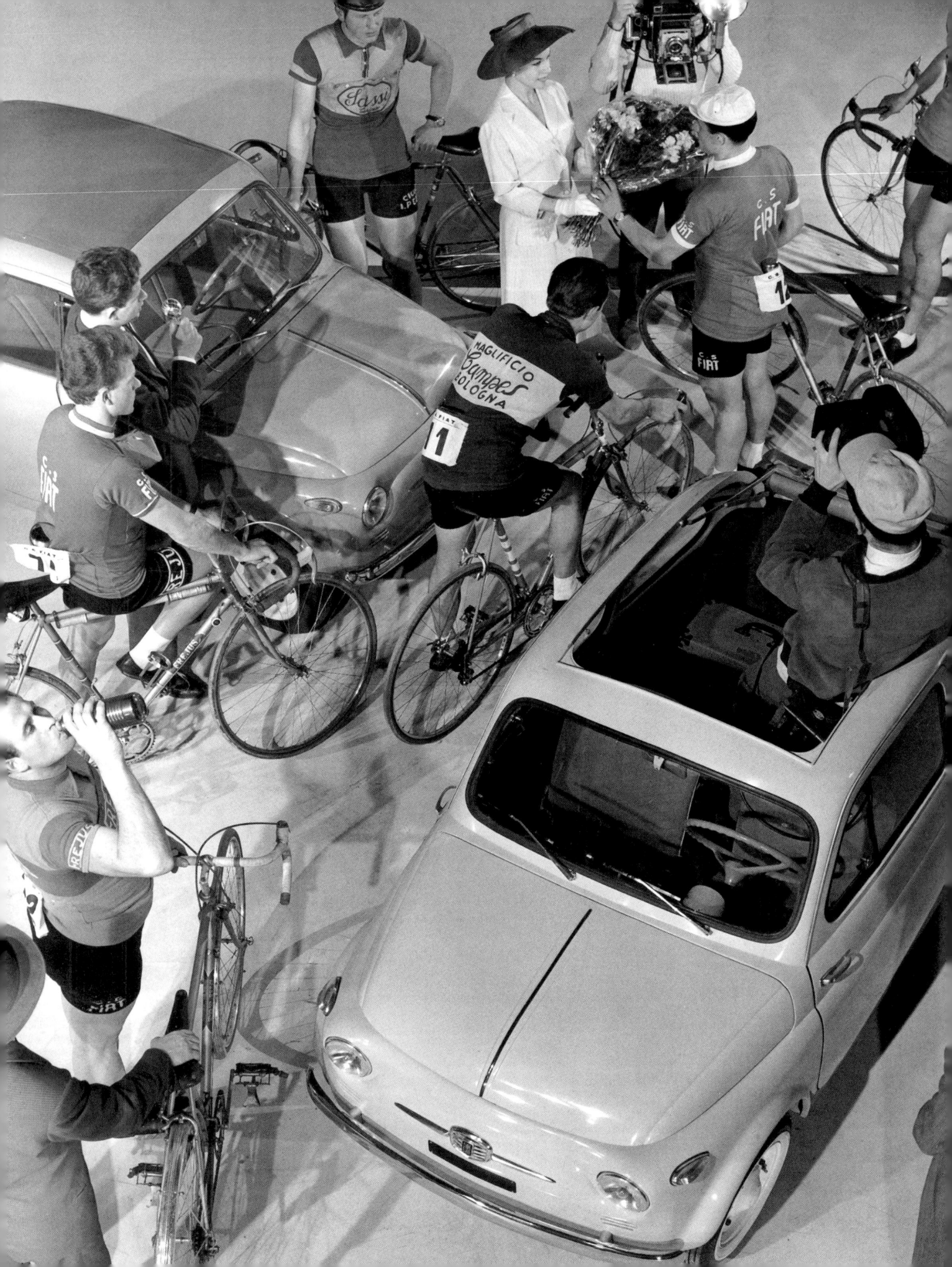

Eine Aufnahme von 1959, als sich der neue Fiat 500 bereits großer Beliebtheit erfreute, nicht zuletzt wegen der sportlichen Erfolge der Abarth-Modifikationen. Der Fiat 500 ging auch außerhalb der Rennstrecken bei Straßenrennen an den Start – und wurde von der Bevölkerung bejubelt.

Sportliche Dynamik und ein modernes kleines Auto: der Cinquecento 1957. Für die Werbeabteilung von Fiat eine ideale und „imageträchtige" Verbindung, wie hier bei einer historischen Werbeaufnahme. Ab 1958 verhalf der von Abarth getunte Fiat 500 Sport dem neuen Cinquecento schließlich doch noch zum Verkaufserfolg.

Der italienische Schauspieler Ugo Tognazzi posiert 1957 im Aostatal im neuen Fiat 500. Der Komödiant und Gourmet wurde in Deutschland vor allem durch seine Rollen in „Das große Fressen", „Barbarella" und „Ein Käfig voller Narren" bekannt.

Der Turiner Bürgermeister Peyron bekommt den neuen Fiat 500 im Juli 1957 während einer Präsentation vorgestellt. Fiat ließ den neuen Wagen gerne zusammen mit prominenten Politikern, Kirchenmännern und Schauspielern fotografieren. Aber auch der „Mann von der Straße" bekam den neuen Kleinwagen auf seiner Tour durch Italiens Städte zu sehen.

Ein Fiat 500 in einer Gasse in der Altstadt von Rom. Eigentlich sollte der Cinquecento (und andere mittlerweile historische Fahrzeuge) vor einigen Jahren aus den italienischen Innenstädten „verbannt" werden – wegen der Abgase. Nach wütenden Protesten rückte man von diesen Plänen ab. So bleibt der Fiat 500 bis auf Weiteres typischer Teil des Straßenbilds in italienischen Innenstädten.

Ein Fiat 500 beim Treffen der Freunde des Kleinwagens im Juli 2007 in Garlenda (Ligurien), wo Anfang der 80er Jahre der erste italienische Fiat-500-Club gegründet wurde. Ursprünglich hieß er „Club Amici della 500", heute „Fiat 500 Club Italia".

Selbst das milde Klima Italiens setzt den Karosserien des Fiat 500 zu. Die feuchte und kältere Witterung auf der anderen Seite der Alpen und vor allem das hierzulande verwendete Streusalz ließen die Bodenbleche noch schneller durchrosten. Die letzten Fiat-500-Modelle hatten zwar Hohlraumversiegelung und Unterbodenschutz, dafür war aber im Vergleich zu den Vorgängern minderwertiges Blech verwendet worden. Neben den Durchrostungen gab es auch bei Neuwagen Probleme mit dem Kaltstart, undichten Ölwannen und einer schwächelnden Elektrik.

Ein schon etwas ramponiertes Fiat-500-Hinterteil aus Rom mit dem Aufkleber des Oldtimer-Verbands ASI (links unter dem „Nuova 500" Schriftzug). Der „Automotoclub Storico Italiano", kurz ASI, ist der Dachverband der Oldtimer-Fans in Italien. Er vertritt die Belange von über 10.000 Liebhaber und Fahrer historischer Automobile.

1958: Mit Schnelligkeit und elegantem Design zum Erfolg – der Fiat 500 „Sport"

Die elegante und schnellere Fiat-500-Version „Sport" von 1958. Sie entstand auf Grundlage einer Modifikation des Nuova 500 durch Carlo Abarth. Das Dach wurde wegen des nunmehr 21,5 PS starken Motors aus Gründen der Stabilität geschlossen. Hier ist allerdings eine Version des Sport mit Klappdach zu sehen – die übrigens billiger war, als die mit geschlossenem Dach, da sich der Preis für Automobile damals am Gewicht des verwendeten Blechs orientierte.

Nach der Überarbeitung des „Nuova 500" im Herbst 1957 beginnt sich allmählich der Erfolg des neuen Fiat 500 abzuzeichnen, allerdings zunächst nur im Ausland. Die Konzernleitung ist nicht zufrieden. Um den Verkauf anzukurbeln, lässt sich das Management etwas einfallen: Ein vom Tuning-Spezialisten Carlo Abarth modifizierter Fiat 500 „Sport" soll eine Verbindung zwischen dem Kleinwagen und dem gerade populären Rennsport herstellen – und die sportbegeisterten Italiener sollen die neue Version des Kleinwagens kaufen. Heute würde man sagen: Das Image des Fiat 500 sollte verbessert werden – vom „Spar-Auto" zum „Kleinst-Boliden" sozusagen. Die erfolgreiche Zusammenarbeit mit der Firma Abarth, die

schon im Jahr 1956 eine Rennversion des Fiat 600 vorgestellt hatte, soll dem neuen Fiat 500 nach dem missglückten Start doch noch zum Erfolg verhelfen.

Carlo Abarth, der österreichische Rennfahrer und Konstrukteur, hatte 1949 Abarth & Co. gegründet, eine Firma, die sich auf die Herstellung von Rennwagen und Rennzubehör spezialisiert hatte. Schon vor dem Fiat 500 hatte sich Abarth mit dem Renntuning von Kleinwagen einen Namen gemacht. Berühmt wurde Abarth vor allem für seine Modifikationen der Fiat-600-Modelle, allen voran der oben erwähnte Fiat Abarth 750 (1956). Nun verpasst er auch dem neuen Cinquecento ein Rennsport-

Die ursprüngliche Renn-Modifikation „FIAT 500 Abarth", der Vorläufer des Sport, war schon 1957 auf dem Turiner Autosalon vorgestellt worden.

Image: Schon 1957 wird ein von Abarth modifizierter Fiat 500 vorgestellt. Im folgenden Jahr bringt Fiat dann die Straßenversion des kleinen Flitzers heraus: den „Fiat 500 Sport". Die Veränderungen betreffen natürlich zunächst den Motor: Abarth hat nicht nur die Bohrung von 66,0 mm auf 67,4 mm vergrößert und so einen etwas größeren Hubraum von 499,5 cm³ erhalten, sondern auch eine andere Nockenwelle eingebaut. Auch die Zündeinstellung und das Verdichtungsverhältnis sind angepasst worden (von zuvor 6,55:1 auf 8,6:1). Der neue Antrieb leistet so 21,5 PS bei 4.600 U/min. Mit der besseren Motorisierung und einer veränderten Achsübersetzung erreicht der „Sport" trotz seines jetzt höheren Gewichts von 510 kg

immerhin eine Spitzengeschwindigkeit von 105 km/h. Aber auch an der Karosserie gibt es Veränderungen: Aus Gründen der Fahrstabilität ist das Dach jetzt erstmals ganz aus Metall (deshalb ist der Wagen auch 40 kg schwerer). Erst im Folgejahr kommt eine – übrigens günstigere – Version mit Klappdach auf den Markt, da der Preis sich zu dieser Zeit noch am Gewicht des verbrauchten Materials orientiert. Mit einem Preis von 560.000 Lire für die geschlossene Version ist der Fiat 500 Sport nicht nur optisch für Autokäufer interessant.

Aber das elegante Design und die gute Verarbeitung machen den „Sport" vor allem für die Käufer attraktiv. Die neue, zweifarbige Lackierung in der Grundfarbe Weiß mit einem breiten roten Streifen auf Seiten und Türen verleiht dem neuen Modell ein schnittiges Aussehen. Rot sind zunächst auch die Felgen, beim „Sport"-Modell mit Klappdach („Sport tetto apribile") sind sie dann silbern verchromt.

Und so geht das Marketingkonzept der Fiat-Leitung auf: Der 500 Sport ist ein Renner. Das ist durchaus wörtlich zu nehmen, da er sogleich erfolgreich bei Rennen antritt, beispielsweise beim ersten Zwölf-Stunden-Rennen auf dem Hockenheimring. Dort belegen gleich vier Fiat-500-Modelle die ersten Plätze, allerdings hat die „Sport"-Version des Cinquecento in der Hubraumklasse bis 500 cm³ kaum ernsthafte Konkurrenz. Doch so liefert der Fiat 500 Sport den schlagenden Beweis, dass der Kleinwagen trotz seiner minimalen Abmessungen von 297 cm Länge und 132 cm Breite ein „richtiges" Auto ist. Der „Sport" wird durch seine Rennerfolge und sein elegantes Aussehen zum Erfolg im In- und Ausland – und mit ihm die anderen Mitglieder der Modellfamilie: 1960 werden schon mehr als 67.000 Exemplare des Fiat 500 gebaut. Doch die Turiner Autobauer ruhen sich nicht auf dem sich abzeichnenden Erfolg aus: Sie stellen dem Fiat 500 Sport wenig später weitere Varianten an die Seite.

Heute reißen sich Sammler auch um renovierungsbedürftige Modelle des Fiat 500 Sport. Ab 1958 gelang dem neuen Modell von Fiat mit der Sportversion der Durchbruch. Sie entstand auf der Grundlage eines von Abarth getunten Fiat 500 und wurde in Turin in Serie gebaut. In Deutschland war der Sport nicht erhältlich, dafür gab es hier ab 1959 den NSU-Fiat Weinsberg, der dem Fiat 500 Sport technisch genau entsprach. Dieses Modell ist heute extrem selten, nur 6.190 Stück wurden gefertigt.

Im Design unterschied sich der Fiat 500 Sport nicht sehr vom den herkömmlichen Modellen Normale oder Economica. Doch der elegante Rennstreifen an der Seite und natürlich seine „inneren Werte", das heißt die Leistung des 499 cm³-Motors, ließen Autofahrerherzen höher schlagen.

Der Innenraum des Fiat 500 Sport von 1958: Auch hier herrschte spartanische Einfachheit, der Sport war wieder ein reiner Zweisitzer ohne Rückbank. Dafür hatte der Motor mehr Leistung: 21,5 PS bei 4.600 Umdrehungen pro Minute machten den kleinen Flitzer etwa 105 km/h schnell.

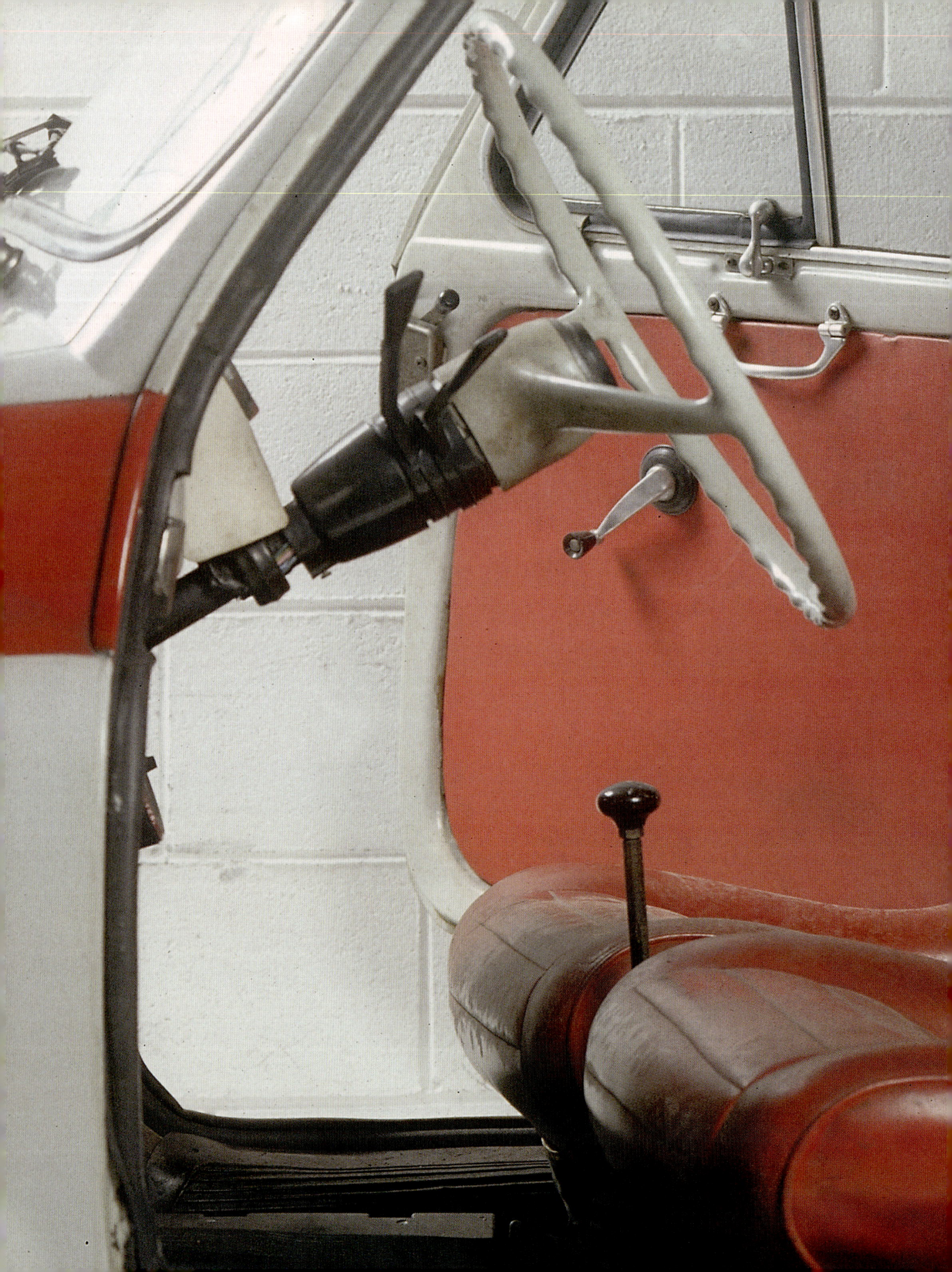

Modellpflege 1959: Die Modelle „Tetto apribile" und „Trasformabile"

Werbematerial zum Cinquecento mit Klappdach, dem Modell Fiat 500 „Tetto apribile" von 1959. Abgesehen vom namengebenden Klappdach gibt es auch im Innern Neuerungen: Zum Beispiel sind die Sitzbezüge aus abwaschbarem Kunststoff; hier einfarbig rot mit einem weißen Einsatz.

Im Jahr 1959 wird der 500 endlich serienmäßig zum Viersitzer: In den beiden herkömmlichen Modellen, „Economica" und „Normale" genannt, gibt es jetzt eine gepolsterte Rückbank. Zeitgleich wird der „Sport" nun erstmals mit kurzem Rollverdeck angeboten. Auch bei den beiden eingeführten Modellen verändert sich das Dach: Die Nachfolger heißen „Trasformabile" („veränderbar") und „Tetto apribile" (etwa „mit Klappdach"). Namensgeber und augenfälligste Neuerung beim „Tetto apribile" ist ein kleines, klappbares Verdeck über den Fahrersitzen. Der Rest des Dachs ist nun aus Blech, und hinten gibt es ein richtiges Heckfenster aus Glas, wo bisher eine ins Rolldach integrierte Plastikfolie gewesen war. Beim „Trasformabile" ist diese Ausstattung mit nun etwas kürzerem Rolldach weiter serienmäßig; im Grunde ist er die Weiterführung der Einfachst-Version „Economica" unter neuem Namen. Die Preise für beide Modelle sind übrigens gesunken: Fiat bietet die überarbeitete „Luxus"-Version „Tetto apribile" nun schon für 435.000 Lire an, für den

Nachfolger des einfachen Modells müssen die Italiener sogar nur 395.000 Lire hinblättern. Auch das trägt zum weiteren Erfolg bei.

Da in Italien im Oktober 1959 neue Straßenverkehrsbestimmungen in Kraft treten, verändert sich das Aussehen beider Modelle auch an anderer Stelle: Frontal eingebaute Blinker sind nun vorgeschrieben. Damit fallen die bisher tropfenförmigen Blinker an der Seite weg und werden durch runde Blinker unterhalb der Frontscheinwerfer ersetzt, wo sich zuvor Luftschlitze befunden hatten. An der Seite findet man nun kleine runde Positionsleuchten. Im Innenraum sind außerdem eine bessere Heizung und Lüftung zu genießen. Anstelle der 15 PS der Modelle „Economica" und „Normale" haben die überarbeiteten Versionen nun 16,5 PS Leistung mit einer Spitzengeschwindigkeit von etwas mehr als 90 km/h zu bieten.

Werbeplakat für das Fiat 500 Modell D von 1960. Das viersitzige Modell baut auf den technischen Neuerungen der Limousine mit Klappdach („Tetto apribile") auf.

FIAT 500 D

struttura ed organi della vettur

Der Fiat 500 „Tetto apribile" mit Klappdach von 1959. Das Klappdach befindet sich über den vorderen Sitzen. Dieses Modell baut auf der Version und Ausstattung „Normale" des Fiat 500 auf, die gegenüber der sehr einfach ausgestatteten „ersten Serie" bereits eine Aufwertung in Sachen Komfort darstellt.

1960: Das Kombi-Modell Fiat 500 „Giardiniera" und der Fiat 500 D

Ab Mai 1956 arbeitet man in der Fiat-Entwicklungsabteilung an der Kombi-Version des Fiat 500, die schließlich als Fiat 500 „Giardiniera" auf den Markt kommen sollte. Schon vom Topolino, dem Fiat 500 B und C der unmittelbaren Nachkriegszeit, hatte es schließlich Ende der 40er und Anfang der 50er Jahre die erfolgreiche und beliebte Version „Giardiniera Belvedere" gegeben, Kleintransporter, die noch vielfach von Handwerkern und kleinen Händlern über Italiens Straßen gesteuert werden. Mit einem „Station Wagon" oder Kombi (italienisch „familiare") soll auch vom neuen 500 eine solche Version entwickelt werden. Allerdings sind Bauweise und Position des Motors ein Problem: Der klobige Zweizylindermotor ist einem vergrößerten Stauraum im Heck deutlich im Weg. Schließlich wird eine Modifikation erdacht, die die Verlängerung des Innenraums und so die Konstruktion des Kombis ermöglicht: Die Zylinder des Motors werden um neunzig Grad gedreht und können so unter die Ladefläche versenkt werden. Als „sogliola", italienisch für „Plattfisch", geht dieser Motor in die Geschichte des Automobils ein.

Ähnlich wie die bisherige Modellpolitik soll auch der Fiat-500-Kombi Käuferschichten erschließen, denen der populäre Kombi „Fiat 600 Multipla" zu teuer war. Nach Auslaufen der Kombi-Modelle des Topolino war im Grunde nur der Seicento Multipla als sparsamer und funktionaler Kleintransporter erhältlich. Die neue Kombiversion des Cinquecento soll die Bedürfnisse vor allem von Familien und kleinen Gewerbetreibenden befriedigen – und dabei noch kleiner und günstiger sein als der Multipla, den Fiat 1956 auf den Markt brachte. Dieser als Sechssitzer konzipierte Wagen ist ein Vorläufer heutiger Minivans und ist für Familien

Der „Giardiniera" wird zu einem beliebten Auto, um mit der Familie am Wochenende Ausflüge zu machen oder zu verreisen.

Endlich gibt es den Fiat 500 im Jahr 1960 auch als „richtigen" Viersitzer: der „Giardiniera" mit dem Motor unterhalb der kleinen Ladefläche. Mögliche Zuladung: bis zu 200 kg.

Mit einem um 10 cm verlängerten Achsabstand und einer umklappbaren Rückbank hat der Fiat 500 Giardiniera einen Laderaum, in dem Handwerker, Bauern und kleine Gewerbetreibende Werkzeuge, Waren und andere Lasten verstauen können.

auch als Vier- bis Fünfsitzer sowie als (teure) Taxiversion erhältlich. Vom Multipla wurden bis 1960 immerhin fast 77.000 Exemplare verkauft, er ist also ziemlich erfolgreich. Der günstigste Multipla, der Viersitzer mit großem Laderaum (1,75 m²), kostet 730.000 Lire. Der neue Kombi, der 500 „Giardiniera", liegt mit einem Einführungspreis von 565.000 Lire deutlich darunter und wird zu einem beliebten Auto, um mit der Familie am Wochenende Ausflüge zu machen oder in die Ferien zu fahren. In die Überarbeitung des Giardiniera-Motors fließen zwar die mit dem Fiat 500 Sport gemachten Erfahrungen ein, rasen allerdings kann man mit ihm nicht: Trotz der Veränderungen am Motor ändert sich nichts an dessen Leistung. Leider sind 17,5 PS für einen Lieferwagen nicht eben viel, zumal der Kombi mit 560 kg um 50 kg schwerer ist als der schon schwere (doch leistungsfähigere) Fiat 500 Sport. So schafft der Kombi nur um die 95 km/h Höchstgeschwindigkeit – in leerem Zustand. Doch bis zu 200 kg dürfen zugeladen werden, und im voll beladenen Zustand macht sich der Mangel an PS dann deutlich bemerkbar. Immerhin erleichtern die neu übersetzten ersten zwei Gänge das Anfahren. Mit 318,2 cm Länge ist der Giardiniera ein ganzes Stück (21,5 cm) länger als die Limousine. Der vordere Teil der Karosserie ist mit dem der Limousine identisch; beim Giardiniera schließt sich ein eckiges Heck an, in dem das Gepäck von vier Reisenden bequem Platz findet. Sein eher klassisch-konservatives Design lehnt sich eng an das der Limousine an und muss als geglückt bezeichnet werden, denn der abgerundete, nach hinten schmal zulaufende 600 Multipla ist nicht bei allen beliebt. Trotz abgesenkter Hinterachse ist der Fiat-500-Kombi mit 135,4 cm Höhe zwei Zentimeter höher als die Limousine.

Im Herbst 1960, nur kurze Zeit nach der Vorstellung des Giardiniera, präsentiert Fiat auf dem Turiner Autosalon nun auch die Weiterentwicklung der Limousine: den Fiat 500 D. Der Buchstabe „D" steht für „derivazione", „Ableitung", und scheint an die klassische Benennung der 500er Topolino-Modelle mit „A", „B" und „C" anzuknüpfen. Der Fiat 500 D symbolisiert aber eine neue Zeit, Modernität. Mit ihm werden die verschiedenen Modellreihen vereinheitlicht, sie heißen nun nicht mehr „Tetto apribile" oder „Sport", sondern nur noch „Fiat 500 D". Das viersitzige Modell baut auf den technischen Neuerungen der Limousine mit Klappdach (Tetto apribile) auf. Es ist mit einer gedrosselten Version des von Abarth entwickelten 499,5-cm³-Motors ausgestattet. Die Motorleistung beträgt so nur 17 PS bei 4400 U/min, in Deutschland wegen der Versicherungseinstufung lediglich 15 PS. Mit einer Höchstgeschwindigkeit von 95 km/h ist der „D" damit zwar nur so schnell wie das Kombi-Modell, aber bei mehr Leistung und einem geringerem Gewicht von 500 kg deutlich temperamentvoller.

Nach mehrmaliger Modellpflege ist der Nuova Fiat 500 durch seinen nun leistungsstärkeren Antrieb und seine umfangreichere Ausstattung deutlich aufgewertet worden. Zur neuen serienmäßigen Innenausstattung gehören unter anderem klappbare Rücksitzlehnen mit besserer Polsterung und ein gepolstertes Armaturenbrett. Dort gibt es jetzt auch eine neue blaue Kontrollleuchte für das Fernlicht, und die Hebel für den Anlasser und die Lüftung haben eckige Griffe aus Plastik statt aus Metall. Die Rücklichter sind lichtstärker. Als Extra sind Weißwandreifen erhältlich.

Ab dem folgenden Jahr, 1961, liegt das Augenmerk stärker auf Sicherheitsaspekten. Jetzt wird das Modell D auch endlich mit einfachen Scheibenwischern ausgestattet, die freilich mit einer Pumpe in Gang gesetzt werden müssen, einer Art Gummiball am Armaturenbrett. Ein mittig eingebauter Aschenbecher ist ein weiteres Zugeständnis an die Bequemlichkeit. Dazu kommt eine gepolsterte Sonnenblende. Ein neuer runder Tank gibt vorne etwas mehr Stauraum frei, was

Ein echter Hingucker – und vor allem praktisch für die Wochenend-Kurzurlaube der Italiener: der Fiat 500-Kombi, genannt „Giardiniera" vor dem Dogen-palast auf dem Markusplatz in Venedig. Fiat ließ den Giardiniera-Nachfolger „Familiare" im Autobianchi-Werk in Desio bauen, wo auch eine Bianchi-Version namens „Bianchina 500 Panoramica" produziert wurde.

auch damit zu tun hat, dass in Italien Kurzurlaube am Wochenende immer beliebter werden. Viel Gepäck kann man im 500 D aber immer noch nicht verstauen. Ab 1964 gibt es dann endlich automatisch rückstellen-de Scheibenwischer.

Das Modell D wird bis 1965 hergestellt. Dank des überarbeiteten Antriebs und der besseren Ausstattung ist der Fiat 500 mit diesem Modell nun fast ausgereift – und nach wie vor unglaublich erfolgreich und beliebt: Schon Mitte 1962 übersteigt die Zahl der verkauften Fiat 500 D (108.500 Stück) die Absatzzahlen aller Wagen der ersten Baureihe.

Seite 72: Der Station Wagon ist keine Erfindung des 21. Jahrhunderts: Fiat hatte schon in den Fünzigerjahren des letzten Jahrhunderts den Sechssitzer Fiat 600 Multipla im Angebot, dessen Form frappierend an heutige Minivans erinnert.

Nicht nur für Urlaubsreisen, auch für Vertreter und Kleinbetriebe ist der Fiat 500 „Giardiniera" ideal. In Deutschland war die Fiat-600-D-Limousine nur wenig teurer als der 500 Giardiniera und bot ähnlich viel Laderaum, wenn man die Rücksitze umklappte. 1961 senkte die Deutsche Fiat kurzerhand den Preis auf 3930 DM.

Im Jahr 1960 wird neben dem Giardiniera auch die überarbeitete Limousine Fiat 500 D vorgestellt. Sie hebt die bisherige „Zweiteilung" der Serie in die Modelle „Tetto apribile" und „Trasformabile" auf – ab jetzt ist nur noch das Modell D erhältlich. Auch hier wird, wie beim Giardiniera, der gedrosselte Abarth-Motor verbaut, doch bei der Limousine ist er wegen des geringeren Gewichts etwas durchzugsstärker.

Der Fiat 500 F von 1965 und der 500 F „Familiare"

Die nächste Überarbeitung folgt erst im Jahr 1965 mit dem Fiat 500 F, der schließlich das meistverkaufte Modell der ganzen Modellfamilie wird. In Genf 1965 erstmals vorgestellt, wird er bis 1972 gebaut; ab 1971 übrigens nicht mehr nur in Turin, sondern auch im neuen Fiat-Werk im sizilianischen Termini Imerese. Eine knappe Meldung in der deutschen Zeitschrift *Auto, Motor und Sport* vom März 1965 fasst die wichtigsten Neuerungen zusammen: „Eine neue Version des Typs 500 haben die Turiner Fiat-Werke auf den Markt gebracht. Der Wagen erhielt die Bezeichnung 500 F. Gegenüber seinem Vorgänger, dem 500 D, weist der 500 F folgende Verbesserungen auf: Der Motor leistet 18 PS (vorher 15 PS), die Türen sind vorn angeschlagen und besitzen neue Schlösser, die Frontscheibe wurde höher, Rückleuchten und asymmetrisches Abblendlicht sind neu. Der 500 F erhielt eine leichtgängige Kupplung mit Federscheibe und Ausrückkugellager. Hauptbremszylinder und Tank sind gewachsen. Der Tank besitzt jetzt Schraubverschluss und Entlüftungsventil. In Italien kostet der Wagen umgerechnet 162 DM mehr als das alte Modell." Der deutsche Preis wird schließlich auf 3.350 DM festgesetzt (etwas später sind es dann 40 DM mehr), in Italien kostet er 475.000 Lire.

Zwar durften in Deutschland eigentlich seit 1963 keine Wagen mit nach vorne öffnenden „Selbstmördertüren" verkauft werden, doch Fiat hatte für den 500 D eine Ausnahmegenehmigung. Das neue Modell D von 1965 entsprach nun auch den deutschen Bestimmungen.

Die Preiserhöhung trägt der besseren Ausstattung und dem nach wie vor steigenden Wohlstand Rechnung. Für die meisten der aufgezählten technischen Veränderungen waren allerdings die geänderten Sicherheitsbestimmungen verantwortlich – in Deutschland durften Neuwagen eigentlich seit 1963 nicht mehr mit hinten angeschlagenen „Selbstmördertüren" zugelassen werden. Fiat hatte für seine Modelle 500 und 600 eine Ausnahmegenehmigung bekommen und jetzt nachgebessert. Die Konsequenz ist im Grunde eine Neukonstruktion des Fahrgestells: Vom Vorgänger bleiben nur die Haube und die Frontpartie. Das Dach ist aus Gründen der Stabilität jetzt fest mit der Karosserie verbunden, nicht mehr nur aufgesetzt. Der Sicherheit dient auch die größere Windschutzscheibe, die deutlich bessere Sicht bietet. Die neuen Scheinwerfer leuchten asymmetrisch, damit der Gegenverkehr nicht geblendet wird. Der Motor ist ebenfalls anders eingestellt worden, er wird nun mit 18 PS eingetragen. Auf die damalige Nachfrage des deutschen Automagazins *mot*, was denn nun genau gegenüber dem 500 D am Motor verändert worden sei, antwortet Fiat, es gebe keine konkret messbaren Unterschiede zu den Motoren des Vorgängermodells. Man habe lediglich die Serienstreuung bei der Motorfertigung nun unter Kontrolle gebracht. Mit anderen Worten: Die neue Eintragung mit 18 PS ist eine bloße Legalisierung der Tatsache, dass temperamentvolle Exemplare des Vorgängers 500 D auch schon zwei oder drei Pferdestärken mehr als 15 PS unter der Haube gehabt hatten. Der neue 500 F erreicht damit eine Spitzengeschwindigkeit von 100 km/h. Damit setzt sich die Tendenz fort, den 500 vom kleinen Stadtauto auch für gelegentliche Langstrecken leistungsfähiger zu machen (wovon noch die Rede sein wird). Für einen größeren Aktionsradius sorgt auch der neue, um einen Liter größere Tank in Form eines Halbzylinders. Wie beim Vorgänger bieten seine neue Form und die Lage ganz eng an der vorderen Spritzwand wieder ein wenig mehr Stauraum vorn.

Als „Facelift" würde man heute wohl die Veränderungen in der Optik und Ausstattung bezeichnen: Auch die Serienausstattung bietet nun Weißwandreifen, aber Zierleisten findet man weder auf der vorderen Haube noch an den Seiten. Sie sind an die Front gewandert: Vom recht auffälligen chromgefassten Fiat-Emblem laufen zwei elegante Chromzierleisten auf die runden Scheinwerfer zu. Diese haben nun ebenfalls Chromeinfassungen. Die hinteren Leuchten haben eine neue, quadratische Form erhalten. Auch im Innenraum ist einiges geändert: Die drei Schalter auf dem Armaturenbrett für Abblendlicht, Instrumentenbeleuchtung und Scheibenwischer liegen neuerdings in einer Reihe nebeneinander. Weiterhin tauchen erstmals Plastikteile am Fiat 500 auf, eine Tendenz, die sich beim nächsten Modell fortsetzen wird. Das Verdeck beispielsweise wird nun mit einem einzelnen schwarzen Plastikhaken statt mit mehreren kleinen Metallhaken geschlossen. Das jetzt größere Handschuhfach ist ebenfalls aus Kunststoff.

Im gleichen Jahr, 1965, bringt Fiat zudem eine überarbeitete Version der Kombi-Variante auf den Markt. Der Nachfolger des Giardiniera heißt „Fiat 500 Familiare". Sein Motor beruht auf dem der überarbeiteten Limousine, und der Innenraum weist die gleichen Neuerungen auf. Beim „Familiare" bleiben jedoch die Türen hinten angeschlagen. Parallel zum Lizenznachbau unter eigenem Namen, dem „Bianchina 500 Panoramica", wird er bis 1968 im Autobianchi-Werk in Desio gebaut. Ab 1968, nach dem Auslaufen der Produktion des Fiat Familiare (und des Panoramica), wird dort der Wagen unter dem Namen „Autobianchi 500 Giardiniera" noch bis 1977 weiter hergestellt.

Das „Gesicht" des Cinquecento wurde 1965 für das Modell F etwas verändert: man findet Zierleisten nun an der Front, nicht mehr auf der Haube und an den Seiten. Auch haben die Scheinwerfer jetzt Chromeinfassungen bekommen. Ansonsten lag das Augenmerk auf mehr Sicherheit. Abgesehen von den nun vorn angeschlagenen Türen gibt es eine höhere Windschutzscheibe und asymmetrische Scheinwerferkegel.

Zeitgenössische deutsche Beurteilungen des Cinquecento 500 F

Da der Fiat 500 in Deutschland Ende der 60er Jahre sehr beliebt ist, verfolgt man es nördlich der Alpen mit großem Interesse, wenn Turin wieder einmal ein neues Modell auf den Markt bringt. Publikationen wie der Autokäufer-Ratgeber *gefahren und geprüft* informieren zukünftige Cinquecento-Besitzer über die technischen Details des Modells 500 F und, viel wichtiger, über bisher gemachte gute und weniger gute Erfahrungen deutscher Fahrer und Fahrerinnen mit dem kleinen Italiener. Bei Umfragen zu diesem Thema erhält übrigens ausgerechnet die Heizung des Fiat 500 mehrheitlich die Bewertung „ausgezeichnet" – als einziger der zu benotenden Punkte. Allerdings wird die fehlende Regulierbarkeit sehr beklagt. Im Winter also heizt sich der Cinquecento sehr schnell auf – „Bei minus 18 Grad Außentemperatur nach 5 km 18 Grad plus im Wagen", so beschreibt es ein Fahrer. Möglicherweise wird es so warm, dass sogar die Fenster geöffnet werden können. Oder müssen. Immerhin: „Im Fiat braucht man auch im kältesten Winter nicht zu frieren."Wenn er denn anspringt. Das miserable Kaltstartverhalten des

Zeichen der Zeit: Das Graffito an der Betonwand ruft zum „bewaffneten Klassenkampf" auf. Ab Ende der Sechzigerjahre machten sich die politischen Unruhen in Italien auch durch erbitterte Arbeitskämpfe bei Fiat bemerkbar. Dadurch litten die Qualität und letztlich der gute Ruf der Fiat-Autos, die sich bisher immer durch solide Verarbeitung ausgezeichnet hatten. Davor steht ein Fiat 500 Modell F.

Kleinwagens aus sonnigeren Gefilden steht auf der Liste „Mangelhaft, ärgerlich, verbesserungsbedürftig" jedenfalls auf Platz vier. Fast neun Prozent der befragten deutschen Fahrer und Fahrerinnen sind darüber unglücklich. Platz drei belegt der Wunsch nach etwas besserer Verarbeitung; zwar beklagt man keine ernsthaften Mängel, doch wird sorgfältigere Montage und bessere Anbringung auch von Chromzierleisten angemahnt. Auf Platz zwei: Ein modernes synchronisiertes Getriebe wünschen sich fast zehn Prozent der Fiat-500-Fahrer. Das unsynchronisierte Vierganggetriebe wird als nicht mehr zeitgemäß empfunden. Eine befragte Fahrerin benotet es mit „ausreichend" und kommentiert knapp: „Das Schalten in den ersten Gang sehr schwierig während der Fahrt, haargenaues Zwischengas erforderlich." Ein weiterer Fahrer findet sich mit dem Getriebe ab: „Ausreichend – wenn man Preis und technische Gesamtanlage berücksichtigt." Eine Bewertung, die für das Verhältnis vieler (nicht nur deutscher) Cinquecento-Fahrer damals zu ihrem Fahrzeug und seinen Fehlern repräsentativ ist: Man ist

zufrieden, wenn man bereit ist, gewisse Abstriche bei Fahrkomfort und Ausstattung zu machen.

Ärgernis Nummer eins betrifft ein kleines, aber sehr wichtiges Ausstattungsdetail: 21 % wünschen sich einen besseren Platz für den Außenspiegel am Fiat 500. *Gefahren und geprüft* fasst die kritischen Stimmen zusammen: Man habe beim Außenspiegel bloß dem Buchstaben der deutschen Bestimmungen entsprochen – er lasse sich schlicht nicht so einstellen, „dass man ihn ohne Verrenkungen der Halswirbelsäule einsehen könne". Dabei sei gerade ein Außenspiegel im zunehmend dichter werdenden Verkehr der Wirtschaftswunderzeit sehr wichtig, insbesondere bei einem Auto, in dem man wegen seines „etwas melancholischen Temperaments" und geringer Spitzengeschwindigkeit immer „viel mehr Rücksicht" auf den nachfolgenden Verkehr nehmen müsse. Auch ist der Spiegel dummerweise innerhalb der Reichweite der geöffneten Fahrertür angebracht worden: Wird die Tür weit geöffnet, verstellt sich der Spiegel „bis zur Uneinsichtigkeit". Da greift mancher zur Selbsthilfe und installiert einen besseren Spiegel der Konkurrenz.

Aber abgesehen von den Fehlern ist der Fiat 500 eines der beliebtesten Fahrzeuge in Deutschland. Auch damals schon gibt es kleine Ansätze zu einem Kult um das kleine Auto: Der Autor des kleinen Ratgebers vermerkt amüsiert einige – statistisch leider insignifikante – Stimmen, die mit „Es ist ein Wagen zum Gernhaben" zitiert werden. Und immerhin neun Prozent der Befragten nennen die „hübsche Form" des Cinquecento als Anschaffungsgrund. In der Rangliste der Kaufgründe ist das allerdings erst Platz elf: Für die weitaus meisten der Befragten sind ganz nüchtern die „Wirtschaftlichkeit" (77 %) und das unschlagbare „Preis-Leistungs-Verhältnis" (54 %) der Hauptgrund für die Anschaffung (Mehrfachnennungen waren möglich). Auf Platz drei wird der Vorteil genannt,

In Deutschland war der Motor des Modells Fiat 500 F nun erstmals mit 18 PS eingetragen. Der gedrosselte Motor des Modells Sport konnte nun etwas mehr von seinem Temperament entfalten – auch wenn er nicht wirklich durchzugsstark war.

dass man mit dem Cinquecento „immer noch einen Parkplatz" findet, auf Rang vier die „Handlichkeit und Wendigkeit" des Wagens. Es folgen weitere wirtschaftliche Gründe, die man mit „er reicht für mich völlig aus" (Platz fünf) zusammenfassen kann. Der „niedrige Benzinverbrauch" (Platz sechs) von im Schnitt 6,41 Litern auf 100 km und der Fiat 500 als „idealer Stadtwagen" (Platz sieben) machen weiter deutlich,

dass seine Erschwinglichkeit, Sparsamkeit und sein angenehmes, aber unprätentiöses Äußeres den kleinen Wagen zum Wagen für fast jedermann werden ließen.

Seite 80: Der neue Fiat 500 F von 1965. Nicht nur in Italien steht der Cinquecento auch für die zunehmende Mobilität von Frauen. In Deutschland wurde er allerdings als „Hausfrauenwagen" bespöttelt. Wegen seiner geringen Anschaffungs- und Unterhaltskosten war er in Familien der ideale Zweitwagen für die Ehefrau.

Die italienische Trikolore: Rot, weiß und grün, repräsentiert durch drei historische Fiat-500-Modelle auf einem Platz in Rom. Von links nach rechts: ein roter Fiat 500 mit Abarth-Emblem, ein weißes Modell L und ein grüner Fiat 500 Topolino C.

Ein roter Fiat 500 vor einem Haus in der italienischen Stadt Siena in der Toskana. Von „Korallenrot" bis „Mohrenkopfbraun" reichte das Farbspektrum der über die Jahre erhältlichen Lackierungen des Cinquecento – über vierzig verschiedene Farben insgesamt.

Kleine Soziologie des Fiat 500 im Deutschland der 60er Jahre

In Italien und in Deutschland waren immer mehr Frauen im kleinen Automobil aus Turin mobil: Ob Gemeindeschwester, Hausfrau, Ärztin oder Studentin – auch für Frauen gewissermaßen ein „klassenloses Auto".

Aus der obigen Aufzählung wird deutlich, dass die westdeutschen Fiat-500-Fahrer (und Fahrerinnen) der 60er Jahre tatsächlich „in erster Linie vernünftige und leidenschaftslose Rechner" sind, wie *gefahren und geprüft* feststellt. Der kleine Wagen ist – auch wenn er gefällt oder zumindest „kein hässlicher Wagen" ist – zunächst einmal ein sehr preiswertes und sparsames Auto, ideal für Bevölkerungsgruppen mit niedrigem Einkommen: Studenten, kleine Angestellte, Vertreter

Der „kleine Italiener" Fiat 500 stand und steht auch für die Sehnsucht der Deutschen nach dem sonnigen Süden. In den Fünfzigerjahren waren Heerscharen von Klein- und Kleinstwagen über den Brenner Richtung Italien geknattert. Nachdem Luftkühlung und Heizung des Cinquecento auf den Alpenpässen alles gegeben hatten, konnte man dann am Mittelmeehr die Vorzüge des Klappdachs voll ausnutzen.

und Industriearbeiter. Dass er allerdings auch von denjenigen gekauft und geschätzt wird, die sich etwas mehr leisten könnten, geht ebenfalls aus der Broschüre hervor: Mancher Befragte gibt nämlich auch einen Beruf wie Rechtsanwalt, Ingenieur, Psychotherapeut, Tierarzt oder „Oberst a. D." an. Der Autor von *gefahren & geprüft* sieht das als echte Stärke des kleinen Fiat: „Er ist für Studenten und Hausfrauen, für tiefstapelnde Industrielle und nicht vom Prestigedenken infizierte Bürger das rechte Beförderungsmittel. Wer rechnen muss oder will ... der muss mit dem Miniauto aus Turin zwangsläufig sehr zufrieden sein. Vorteilhaft macht sich dabei bemerkbar,

Im Jahr 2006 kürt das britische Automagazin Top Gear den Fiat 500 zum Auto mit dem „größten Sexappeal". Begründung: Hinter dem Steuer eines Cinquecento macht Fahrerin oder Fahrer immer eine gute Figur. Hier ein Werbefoto des Modells F aus den Sechzigerjahren.

dass der Fünfhunderter Fiat nicht in das Schema des sozialen Stellungsdenkens einzuordnen ist: der Fahrer kann sowohl Generaldirektor wie Hilfsarbeiter, Arzt wie Handelsvertreter, Gutsverwalterin wie Stenotypistin, Oberingenieur wie Rentner sein." Wie in Italien ist der Fiat 500 also auch in Deutschland (ähnlich wie der VW-Käfer) ein „klassenloses" Auto.

Darüber hinaus steht der Cinquecento auch für die in den 60er Jahren zunehmende Mobilität, Berufstätigkeit und Unabhängigkeit der Frauen. Nicht wenige der vom Ratgeber befragten Fahrer sind Fahrerinnen: Studentinnen, Sekretärinnen und Angestellte. Von Männern allerdings bekommt er den Spitznamen „Hausfrauenwagen" verpasst – wohl weil er in vielen Familien der klassische Zweitwagen für die Ehefrau ist. Die Rechnung eines kaufmännischen Angestellten verdeutlicht dies: „Vor zehn Monaten kaufte ich einen Fiat 850 und einen Fiat 500 F. Ich gab einen Fiat 2300 in Zahlung. Zweck der Übung: je ein Auto für meine Frau und mich zu haben. Aus finanziellen Gründen zwei kleine, die zusammen billiger sind als ein 2300." Darüber hinaus merkt der Autor von *gefah-*

ren & geprüft noch an, dass in wohlhabenden Familien der Cinquecento auch mal ein Drittwagen sein kann, wenn der Sohn oder die „höhere Tochter" den Fiat 500 zum Abitur oder 21. Geburtstag geschenkt bekommt.

Ein bisher ausgeklammertes Kapitel des automobilen Lebens in der Nachkriegszeit: die Sehnsucht der Deutschen nach dem sonnigen Süden. Wie wir gesehen haben, wird der kleine Wagen aus Turin in Deutschland zwar wohlwollend und anerkennend, aber unsentimental betrachtet. Man schätzt ihn als idealen Stadtwagen, der in jede Parklücke passt. Wegen des winzigen Gepäckraums ist er auf Langstrecken höchstens als Zweisitzer verwendbar. Und Fahrkomfort auf der Distanz gehört wegen der etwas schwachen Motorleistung ohnehin nicht zu sei-

Es ist kein Zufall, dass in Bildern mit einem vollbesetzten Fiat 500 immer Kinder hinten sitzen: das Platzangebot hinten war wirklich nicht nennenswert, vor allem, wenn auch noch Gepäck verstaut werden musste.

Heute sind sie Museumsstücke, doch sie machten das Deutschland der Nachkriegszeit beweglich: BMW-Isetta, Goggomobil und das kleine Auto aus Turin (unten links), hier bei einer Ausstellung. Um 1960 näherte sich der Marktanteil von Fiat in Deutschland immerhin der Vierzig-Prozent-Marke.

nen Stärken. „Für lange Autobahnfahrten ist der Fiat 500 nicht geeignet, schnelle Ermüdung", warnt ein Chemotechniker. Der Wohlstand ist gestiegen. Wer Mitte der 60er Jahre über den Brenner ins Mutterland des Cinquecento fährt, tut dies möglichst in einem Auto, das auf Langstrecken mehr Komfort zu bieten hat. Die Zeiten der ganz großen Reisewellen in Klein- und Kleinstwagen mit schwacher Motorisierung – Goggomobil, Isetta und Co. – sind vorbei. Selbst der VW-Käfer hat in diesen Zeiten schon 40 PS.

Doch Fahrer, die sich in den 60er Jahren mit dem Fiat 500 auf die Langstrecke wagen, wissen: Seine Zuverlässigkeit und Ausdauer sind die verborgenen Stärken des kleinen Autos. „Selbst auf weiten

Strecken (700 km am Tag) ist er zuverlässig", lobt ein Buchdruckmeister, auch wenn mit seinen 18 PS „Berge nicht im Sturm genommen werden können" (eine Bankangestellte). Immerhin: „In den Bergen bin ich überall raufgekommen", vermeldet ein Feinmechaniker stolz und fügt hinzu, gerade auf Pass-straßen sei der Cinquecento wegen seiner Wendigkeit größeren Autos überlegen, „nur manchmal fehlen ein paar PS". Ein Grafiker hat den Cinquecento „nur für den extremen Kurzstreckenverkehr gekauft, aber dann auch eine sechswöchige Urlaubsreise nach Portugal damit gemacht (7.000 km)". Sein Urteil: „Dabei glän-zend bewährt. Für den Preis das Beste, was es gibt."Alles andere als müheloser Selbstzweck, wird das anstrengende „Kilometerfressen" im Fiat 500 für

In Deutschland sind die „Volkswagen" aus Turin in den Sechziger- und Siebzigerjahren sehr erfolgreich, nicht nur der Fiat 500 F. Hier ein Blick auf das deutsche Lager von Fiat in Kippenheim mit Platz für 40.000 Fahrzeuge.

manche zur gar willkommenen Herausforderung. Dieser Beamte beispielsweise legt auch auf dem Weg in den Urlaub die Arbeitsmoral der Wiederaufbaujahre nicht ab: „Wenn ich den ersten Ferientag 500 km runterspule, dann steige ich aus dem Wägelchen und habe etwas geleistet. 1700er oder 2000er nicht so anstrengend. Aber ich habe meinen Spaß am Wagen." Eine wesentlich gemütlichere Mentalität spricht aus den Worten eines Oberst im Ruhestand über die Reisen mit seiner Ehefrau im 500er Fiat. Hier wird fehlender Fahrkomfort an anderer Stelle ausgeglichen: „Haben jährlich große Fahrten (Holland, Alpen) gemacht. Wir pflegen in Hotels abzusteigen und können uns das aufgrund des überaus billigen Autos leisten. Auf dem meist umgeklappten Hintersitz haben selbst große Koffer Platz. Und natürlich unser guter großer Hund." Damit wird noch einmal deutlich, dass der Fiat 500 nur als Zweisitzer für Reisen geeignet ist – außer hinter den Sitzen ist für größeres Gepäck einfach kein Platz.

Aus den Stimmen der zeitgenössischen Fiat-500-Fahrer entsteht so ein Bild der Befindlichkeiten der westdeutschen automobilen Gesellschaft der 60er Jahre. Und natürlich wird deutlich, was die Fahrer am Fiat-500-Modell F lieben und hassen. Doch trotz seines etwas dürftigen Komforts sind auch die „nüchternen Rechner" von dem kleinen Italiener angetan – und das nicht nur wegen seiner eigentlich „deutschen" Tugenden, die ein Rechtsanwalt lobt: „Kompakt, robust, stabil. Ein Meisterstück italienischer Automobilproduktion, vor dem deutsche Fabriken und Konstrukteure den Hut ziehen müssen. Ein Auto aus einem Guß." Doch manche, wie dieser Student, sehen eben auch den Charme des Fiat 500: „Ein Auto, über das man sich immer freut und das einen immer wieder von neuem angenehm überrascht." Also doch: „Ein Wagen zum Gernhaben".

Mit solchen Lasten am Haken bleibt der Cinquencento-Fahrer lieber im eigenen Lande: Fiat 500 Modell L mit 18 PS mit komprimierbarem Anhänger am Rheinufer bei Linz.

Der Dachgepäckträger ist die einfachste Lösung für das notorische Stauraumproblem beim Verreisen mit dem Cinquecento. Hier steht ein schwer beladenes Exemplar in der Warteschlange für die Fähre in Neapel.

1968: Der Fiat 500 L

Der Cinquecento der Sechzigerjahre, hier das Modell L von 1968. In Deutschland auch „Knutschkugel" genannt – so mancher verbindet romantische Erinnerungen mit dem Fiat 500. Italiens Ex-Premier, Medienzar Silvio Berlusconi, gab sogar zu, sein „erstes Mal" im Cinquecento erlebt zu haben.

1968 steht wieder einmal eine Modellpflege an. Das nun vorgestellte Modell L ist erneut – wie auch schon der „Fiat 500 Normale" zehn Jahre früher – eine Variante mit besserer Ausstattung. Diese Idee half damals, die schwache Nachfrage nach dem Nuova 500 anzukurbeln. Nichts anderes hat das Fiat-Management Ende der 60er Jahre im Sinn. Zwar schreibt der Fiat 500 nach wie vor seine unglaubliche Erfolgsgeschichte weiter fort – er ist der meistverkaufte Wagen Italiens –, doch mit dem gestiegenen Wohlstand möchte man für die Käufer nachbessern, die den Fiat als Zweit- und Drittfahrzeug nutzen und für die es ruhig etwas luxuriöser sein darf. Folgerichtig steht das „L" in der Modellbezeichnung auch für „lusso", Luxus.

Die Überarbeitung schlägt sich also lediglich in der Ausstattung nieder, die Technik ist die des Modells F. Dieses ist übrigens weiter erhältlich, der „Lusso" wird parallel zum 500 F bis 1972 gebaut. Die Luxusversion ist sehr geschmackvoll gestaltet, optisch stechen vor allem die verchromten Bügel an den vorderen und hinteren Stoßfängern hervor, die die (nun auch in elegantem Schwarz, Ockergelb und Korallenrot erhältliche) Lackierung beim Rangieren in engen Parklücken vor Kratzern schützen sollen. Die Chromleisten haben wieder einmal die Plätze gewechselt: Vom vorderen Emblem sind sie verschwunden, dafür verleihen sie den Seiten unterhalb der Türen und an der Regenrinne Kontur. An der Front ersetzt nun ein schlichtes trapezförmiges Fiat-Logo mit Chromeinfassung das Wappen

Nach Jahren des Kampfes um den knappen Parkraum in Italiens Hauptstadt: ein etwas mitgenommenes Luxus-Modell Fiat 500 L, hier ohne die auffälligen Chrombügel.

des Modells F. Hinten wird das Nummernschild jetzt an der Stoßstange befestigt, nicht länger an der Motorhaube. Der dort vorher befindliche Schriftzug „Nuova 500" war nach elf Jahren des „neuen" Fiat sinnlos geworden und wird durch eine Plakette mit der Typenbezeichnung „Fiat 500 L" zwischen zwei Strichen ersetzt.

Der Innenraum wirkt gepflegter und ist besser ausgestattet, was unter anderem daran liegt, dass der Boden jetzt mit Teppich ausgelegt ist. Die Sitzbezüge sind aus Kunstleder. Auch am überarbeiteten Instrumentenbrett kommt nun Kunststoff zum Einsatz, es ist schwarz und hat die Form eines länglichen Rechtecks. Hinter dem neuen Lenkrad mit zwei durch-brochenen Metallspeichen findet sich ein trapezförmi-ges, längliches Tachometer mit Tankanzeige links. Der Knauf des Schalthebels ist anatomisch geformt. Hinter dem Schalthebel sorgt ein neues, kleines Hand-schuhfach für etwas Stauraum im Cockpit. Darüber hin-aus sind jetzt auch Türtaschen angebracht worden. Die Ausstattung des Luxusmodells wird schließlich durch serienmäßige Gürtelreifen abgerundet. Der „Luxus" kommt allerdings für den Fahrer preislich etwas teurer: Der Neupreis des Modells L beträgt 525.000 Lire, gegenüber 475.000 Lire für das Modell F. Doch die Nachfrage nach beiden Varianten gibt den Fiat-Managern recht: In den Jahren um 1970 klettern die Produktionszahlen des Fiat 500 auf über 300.000 Stück im Jahr; 1970 sind es sogar knapp 351.500 Einheiten.

Ein Sammlerstück – ein wunderbar gepflegter Fiat 500 L, allerdings ohne Chromzierleisten an Dach und Seiten.

Für viele der eleganteste und schönste Cinquecento: das Modell L, „Luxus", hier in der damals neu erhältlichen Lackierung „Korallenrot". Auch in schickem Schwarz war er nun erhältlich. Fiat wollte auch den besser betuchten Kunden etwas bieten, die den Fiat als Zweit- oder Drittwagen nutzten.

Abgesehen vom den Chrombügeln an den Stoßfängern gibt es beim Fiat 500 L nur wenige dezente Chromakzente, beispielsweise eine Leiste unterhalb der Türen, an der Dachtraufe und bei den Fenstereinfassungen. An der Front ist der auffällige Chromschmuck mit dem Fiat-Wappen und der Zierleiste verschwunden, stattdessen nur noch ein dezentes chromgefasstes Fiat-Logo.

Seite 96: Rom, die ewige Stadt – und ein (fast) ebenso ewiger Automobilklassiker aus Turin. Ein auf der Via della Conciliazione geparkter Fiat 500 Modell L.

1972: Der Fiat 500 R: Erneuerung und Ende

Im Jahr 1972 erlebt der langlebige und zeitlose Kleinwagen noch eine letzte Modellpflege, nach 18 Jahren Fiat 500 wird 1975 das letzte Exemplar vom Band laufen. Doch zuvor ersetzt das neue Modell „R" die Modelle Fiat 500 L und Fiat 500 F aus den 60er Jahren. Der Buchstabe „R" steht für „rinnovata" („erneuert") – und das ist durchaus wörtlich zu nehmen; erstmalig seit 1968 gibt es nämlich technische Veränderungen. Diese betreffen vor allem den Antrieb: Das bisherige Motorenmodell 110, in den 50er Jahren entwickelt, hat nun ausgedient. Im neuen Modell R arbeitet der Motor des zeitgleich mit dem 500 R auf dem Turiner Autosalon vorgestellten neuen Fiat 126. Dieser neue Kleinwagen soll den Cinquecento in den 70er Jahren als Einstiegsmodell der Fiat-Produktpalette ersetzen.

Ansonsten ist beim Cinquecento vieles noch oder wieder beim Alten: Nach dem vergleichsweise üppig ausgestatteten „Lusso" besinnt man sich mit dem 500 R wieder auf die ursprünglichen Tugenden der 500-Modellreihe: Einfachheit und spartanische Ausstattung. Sogar der neue 594-cm³-Motor des Modells 126 (dort leistet er 23 PS bei 4.800 U/min) ist für den leichteren Fiat 500 auf 18 PS gedrosselt worden. Der neue Cinquecento schafft damit bis zu 97 km/h Spitzengeschwindigkeit. Auch das Getriebe ist analog zu dem des 126 modifiziert worden. Nach Chromdetails an der Außenhaut des neuen Modells hält man vergeblich Ausschau. Nur die Stoßfänger setzen einen kleinen Akzent, doch sie sind nur noch zwei schmale Metallstreifen und kommen natürlich ohne die auffälligen Bügel des Modells L daher. Auch die Felgen sind nur aus Blech, ohne Radkappen, und erinnern so an die des Fiat 126 – und an die Anfänge des Cinquecento. Das Zieremblem an der Vorderhaube wird durch ein schlichtes Logo aus vier nebeneinanderstehenden Rhomben mit den Buchstaben „Fiat" und schmaler Chromeinfassung ersetzt.

In vielerlei Hinsicht der Nachfolger des Cinquecento: das Modell 126, vorgestellt 1972. Unter der Haube des Fiat 500 R arbeitete bereits der Motor des 126. Mit 594 cm³ war der für den Fiat 126 überarbeitete Zweizylinder etwas größer und leistungsfähiger als der ursprüngliche 18-PS-Motor des Cinquecento. Der neue Motor machte den Fiat 500 F bis zu 100 km/h schnell.

Seite 100: Mit dem schlichten Modell R kehrte der Cinquecento gleichsam zu seinen spartanischen Anfängen zurück. Insofern war die Modellbezeichnung „R", für „rinnovata" (erneuert) zutreffend. Doch allmählich wurde der Cinquecento ein Auslaufmodell: die Kunden forderten auch bei einem Kleinwagen mehr Geschwindigkeit und Komfort, Dinge, die der Fiat 500 einfach nicht mehr bieten konnte.

Gern wurde der Cinquecento auch von jungen Leuten gefahren – aus den bekannten Gründen: niedrige Unterhaltskosten und kleiner Preis. Manchmal war der Fiat 500 wohl auch ein Geschenk wohlhabender Eltern zum Abitur, Führerschein oder Studienbeginn.

Der Fiat „Cinquecento" von 1993: Ein Versuch von Fiat, mit einem neuen Kleinwagen im kantigen Design Maßstäbe in der untersten Klasse zu setzen. Er hatte allerdings nur den Namen mit seinem berühmten Vorgänger gemein, denn im Gegensatz zum 499-cm³-Motor seines legendären Vorgängers bietet der neue Kompaktwagen Triebwerke mit 700, 900 oder 1.100 cm³ Hubraum. Über eine Million Exemplare wurden vom Cinquecento gebaut.

Ab 1991 wurde das Nachfolgemodell des legendären Fiat 500 als „kleiner" Fiat Cinquecento mit 700-cm³-Motor im polnischen Tychy (und vorwiegend für den polnischen Markt) gebaut. Es gab auch eine durchzugsstarke 1.1-Liter-Version, den Cinquecento Sporting, der mit auf die Motorleistung abgestimmtem Fahrwerk ein kompaktes und leistungsfähiges Fahrzeug darstellt.

Seite 106: Der „neue" Fiat 500 von 2007 kommt zunächst im Gewand des „alten" daher: In Reih und Glied und mit Schutzfolie versehen stehen neue Fiat-500-Modelle für eine Präsentation Anfang Juli 2007 bereit. Wie fünfzig Jahre zuvor bei der Markteinführung des historischen Cinquecento finden in verschiedenen italienischen Städten Veranstaltungen rund um das neue Auto statt. Hier ist es, sozusagen noch „verpackt", im Olympia-Stadion in Rom zu sehen.

Sondermodelle, Lizenznachbauten und Kuriosa

Der Vignale „Gamine" 500 (oder „Spider") aus dem Jahr 1967. Alfredo Vignale hatte als Karosseriebauer bei Pininfarina angefangen und seit 1947 eine eigene Firma bei Turin. „Gamine" bedeutet so viel wie „frecher Bengel". Er besticht schon Ende der Sechzigerjahre mit Retro-Design im Stil der Vorkriegszeit. In Deutschland konnte man den Gamine Vignale sogar für 3.980 DM aus dem Otto-Katalog bestellen.

Unzählige modifizierte Versionen des Fiat 500 sind in den 18 Jahren seiner Fertigung gebaut worden – das Thema kann hier also nur gestreift werden. Von Anfang an nehmen sich sowohl kleine Tuningfirmen als auch namhafte Karosseriehersteller des Kleinwagens an und stellen Designstudien vor, die zum Teil auch in Kleinserie gefertigt werden.

Das bekannteste Beispiel, das es dann auch in die Fiat-Großserie schafft, ist die Modifikation des Cinquecento durch Carlo Abarth: Die Rennversion (schon im Herbst 1957 auf dem Turiner Autosalon vorgestellt) wird, leicht abgeändert, zum „Fiat 500 Sport". 1958 stellt ein von Abarth getunter Fiat 500 sogar mit einer Durchschnittsgeschwindigkeit von 108 km/h in Monza einen Sieben-Tage-Geschwindigkeitsrekord auf. 1963 bringt Carlo Abarth den „595 Abarth" auf den Markt, der bis 1971 produziert wird. Bei diesem Lizenznachbau erhält Abarth teilweise montierte Fiat 500 und stattet sie mit eigenen Teilen aus (im Cockpit andere Armaturenbretter und im Innern unter anderem Doppelvergaser). Danach werden sie über Abarth-Vertragshändler weiterverkauft. Es gibt zwei Serien, die erste (1963 bis 1965) entsteht auf Grundlage des

Bereits 1957 stellt Abarth auf dem Turiner Salon eine getunte Version des Fiat 500 vor. Wie auch auf den Tafeln im Bild zu lesen, stellt der kleine Flitzer 1958 in seiner Klasse mit einer Durchschnittsgeschwindigkeit von 108,9 km/h einen Geschwindigkeitsrekord bei einem Sieben-Tage-Rennen auf.

Fiat 500 D, und die zweite (1965 bis 1971) hat die Karosserie des Modells F. 1964 stellt Abarth wieder Mini-Rennautos für die Straße vor, und zwar gleich zwei: den „Fiat Abarth 595 SS" und den „Fiat Abarth 695 SS". Beide sind mit einem 689-cm³-Hubraum-Motor ausgestattet und schaffen 130 bzw. 140 km/h Spitzengeschwindigkeit.

Größter Konkurrent von Abarth bei den modifizierten Cinquecento-Modellen ist wohl der römische Karosseriebauer Giannini, der sich in den 60er und 70er Jahren vor allem des Cinquecento, aber auch

anderer Fiat-Kleinwagen annimmt. Im Jahr 1966 bringt Giannini vier Modifikationen des Modells 500 auf den Markt: den Giannini 500 TV, den Giannini 500 TV Special, den Giannini 590 GT und den Giannini 500 Special. Aber die Karosseriebauer haben nicht nur Sport-, sondern auch Spaßvarianten entworfen. Der Designer Ghia (in Deutschland untrennbar mit dem schicken und schnittigen VW Karmann Ghia verbunden) baut den Fiat 500 zu einem Strandwagen um: Die Fahrgastzelle wird fast komplett entfernt, die Sitze werden durch Korbstühle ersetzt, das Lenkrad besteht aus Holz. Eine „Badetasche auf Rädern" hat man den

Ein Cinquecento-Fan gestaltete sich den Fiat 500 als Polizeiwagen – und bekam sogleich Ärger mit der Polizei: er wurde verhaftet.

Fiat 500 Jolly genannt, auch erinnert er an die Autoscooter-Gefährte auf dem Rummelplatz. Die Frage ist, wofür „Jolly" steht, erinnert es doch sowohl an das englische „jolly" (etwa: „prima") oder auch an das „jolly boat", die Jolle, was zum maritimen Thema

passt, als auch an das französische „joli" für hübsch. Unbedingt zu erwähnen und zudem recht bekannt sind die Fiat-500-Lizenznachbauten der österreichischen Firma Steyr-Puch. Zwischen 1957 und 1972 rollten rund 7.200 „Steyr-Puch 500" vom Band. Im Alpenland hatte man, anders als beim italienischen Vorbild, auf Zweizylinder-Boxermotoren mit zunächst 493 cm³ Hubraum gesetzt (Modell Steyr-Puch 500 D). Ab 1969 hat der Steyr-Puch 500 S sogar einen PS-stärkeren Motor mit 650 (später gar 660) cm³ Hubraum und fast 20 PS. Auch ein anderes Getriebe und eine Hinterachse machen den im Original schon recht kletterfreudigen 500 noch bergtauglicher. Die Rennversion des Steyr-Puch, der Steyr-Puch 650 T bzw. TR, hatte sogar über 40 PS.

1957 bereits stellt Vignale eine Bearbeitung des Cinquecento als Cabriolet vor: den Vignale Spider „Mickey Mouse". Im folgenden Jahr folgte das Coupé, genannt „Minnie".

Cinquecento-Fans nutzen die Möglichkeit, sich den Fiat 500 mithilfe von Tuning-Kits zum individuellen kleinen Rennwagen umzubauen.

Auch Autobianchi (am Unternehmen war Fiat seit 1955 beteiligt) baut ein Coupé auf Grundlage des Fiat 500 N namens „Bianchina". Es wird schon 1957 als erstes Modell der neuen Marke Autobianchi vorgestellt. Eine veränderte Luftkühlung des Fiat-Motors ermöglicht bis zu 16,5 PS Leistung. Der „Bianchina" ist ein Zweisitzer mit Rolldach, ab 1963 gibt es eine flotte Cabrio-Version: Die hat mit dem Motor des Fiat 500 Sport sogar 21 PS. Dazu kommen die Limousine, genannt Autobianchi 500 „Berlina", auf Grundlage des Fiat 500 und natürlich „Furgonetta" und „Panoramica", die Modelle auf Grundlage des Fiat Giardiniera.

Über die erwähnten Sondermodelle und Lizenznachbauten hinaus gibt es eine überraschend lange Liste anderer sportlicher und weniger sportlicher Versionen von Designern: der Vignale Gamine, das Lombardi My Car, der Ghia Jolly, der Frua Spider, das Monterosa Cabriolet, der Siata Trasformabile und einige mehr. Die meisten sind weniger bekannt und vor allem sehr selten, da sie nur in ganz geringen Stückzahlen gebaut wurden: Solche Sondermodelle waren teuer, nur wenige konnten oder wollten sich zu einem hohen Preis ein sündhaft teures Auto mit winzigem Innenraum leisten. Eigentlich war wegen der kompakten Konstruktion der Spielraum für technische und ästhetische Modifikationen des Fiat 500 sehr begrenzt. Doch die Liste von Modellnamen zeigt, dass die Konstrukteure der Tuner und Karosseriebauer die Herausforderung annahmen.

Eine weitere auf Grundlage des Fiat 500 gebaute Studie von Abarth. Das Coupé hat eine Karosserie aus Vollaluminium von Zagato. Es wurde ab 1958 in Kleinserie gebaut.

Auch der Karosseriebauer Monterosa war durch den neuen Fiat 500 zu einem schicken Cabriolet inspiriert worden.

Seite 114: Ein von Viotti entworfener Roadster auf Basis des Fiat 500, Spitzname: „Froschauge". Schon für den Topolino und den Fiat 508 Balilla hatte Viotti Karosserien entworfen, 1960 gab es dann auch die Fiat-Modelle 1800 und 2100 im Viotti-Design.

Ebenfalls im Jahr 1957 auf dem 39. Turiner Autosalon vorgestellt: Der Fiat 500 Ghia Aigle Spider des Karosseriedesigners Pietro Frua, der Mitte/Ende der fünfziger Jahre als Freiberufler mit eigenem Atelier für Ghia tätig war. In die Lehre war er aber bei Fiat gegangen – er wurde dort im technischen Zeichnen unterrichtet, bevor er in der Karosserie-Schmiede Farina (später Pininfarina) als Designer anfing. Seine eigene kleine Karosseriewerkstatt verkaufte er an 1957 an die Firma Ghia, für die (und für deren Tochter Ghia Aigle) er kurzzeitig tätig war.

Eine von mehreren schon 1957 vorgestellten Abarth-Designstudien des neuen Fiat 500. Als 1958 der Fiat 500 Sport auf den Markt kam, war das neue Modell so populär, dass Abarth in der Folge auch Tuning-Kits anzubieten begann. Italienische Fiat-500-Fans bezeichnen einen mit Abarth-Teilen „aufgemotzten" Cinquecento scherzhaft mit dem Begriff „abartizzata".

Seite 118: Ein Jahr nach der Präsentation des neuen Fiat 500 stellt auch Karosseriebauer Savio auf dem 40. Turiner Autosalon eine Sonderkarosserie auf Basis des Cinquecento vor. Wie bei den meisten anderen Studien namhafter (und nicht so namhafter) Designer blieb es auch bei der von Mario Revelli di Beaumont entworfenen Version bei einem einzelnen Prototypen.

Besonders beliebt bei den Cinquecento-Fans sind die Bausätze und Rennteile von Abarth, der Firma mit dem Skorpion-Emblem. Es gibt aber auch Kits von der Konkurrenzfirma Giannini. Hier ein Abarth-Jünger in seinem futuristisch verkleideten Gefährt bei einem Fiat-500-Treffen in Turin.

Mithilfe der Bausätze kann sich der ambitionierte Cinquecento-Besitzer einen eigenen kleinen Straßenrennwagen zusammenbasteln. Freizeit-Rennpiloten fahren bis heute Rallyes in so modifizierten Fiat-Kleinwagen. Hier ein Modell mit Abarth-Tuning, das mit seinen Türen und Spoilern an viel größere Sportwagen von Lamborghini erinnert.

Ein „italienischer Volkswagen" und italienische Volkskunst: Ein liebevoll mit Schnörkeln, Rosetten und Bildern bemalter Fiat 500 im sizilianischen Taormina. Der kleine Wagen wird im Italienischen auch „cinquino" oder „bambina" genannt und gehört unbedingt zur italienischen Identität.

Der italienische Radsportstar Danilo di Luca trägt „la maglia rosa", das rosa Trikot des Siegers – und posiert nach dem Sieg der Radrundfahrt Giro d'Italia im Juni 2007 im rosa Fiat 500. Auch der Kleinwagen fuhr Ende der 50er Jahre Siege bei Rennen ein – zum Ruhme Fiats und Abarths.

KFZ-Meister Mathias Duesterberg aus Klein-Marzehns bei Berlin besitzt mehrere Exemplare des „Steyr-Puch 500 Modell Fiat", wie der in Österreich gebaute Lizenznachbau offiziell hieß. Er richtet auf seinem brandenburgischen Anwesen auch Treffen für Steyr-Puch-500- und Fiat 500-Fans aus. Eine ebenfalls in der Steiermark gebaute Kombiversion, der Steyr-Puch 700, war sein erstes Auto. Jahre später erkannte der Oldtimer-Sammler denselben Wagen auf der Straße wieder, kaufte ihn zurück und restaurierte ihn.

Der Vignale Gamine wurde zwischen 1967 und 1970 in heute unbekannter Stückzahl produziert. Der Roadster auf Basis des Cinquecento Modell F wog nur 480 kg und war knapp über drei Meter lang. Er war wohl das kleinste Cabriolet, das je die Hallen des Karosserie-Designers Vignale in Crugliasco bei Turin verließ. Vignale entwarf und baute auch Autos für Ferrari, Maserati, Lancia und andere Firmen. Andere bekannte Vignale-Versionen von Fiat-Modellen sind z. B. der „Vignale 125 Samantha" oder der „Vignale 124 Eveline".

Das Holzlenkrad und die Korbsitze der ursprünglichen Version des Ghia 500 Jolly wurden bei späteren Modellen leider durch eine Ausstattung aus Kunststoffmaterialien ersetzt. Die Original-Lackierung war in Rosametallic.

Seite 126: Eine „Badetasche auf Rädern" hat man dieses Spaßgefährt auf Basis des Cinquecento genannt: Der Ghia 500 Jolly, ein ideales Gefährt für den Weg zum Strand. Für den perfekten Strandwagen auf Basis des Fiat 500 entfernte Karosseriebauer Ghia die Fahrgastzelle fast komplett und baute Sitze aus Korbgeflecht sowie ein Holzlenkrad ein.

Bereits 1954 hatte der Karosseriebauer Ghia einen „Jolly" genannten Strandwagen auf Basis des Renault 4 CV vorgestellt – und setzte den spielerischen Ansatz mit der Modifikation des neuen Cinquecento 1957 fort. Abgesehen von der kompletten Entfernung der Fahrgastzelle schlingen sich Chromrohre elegant um die Karosserie des Fiat 500.

Der neue Fiat 500 von 2007

Auch in der Werbung setzt man im Hause Fiat wie früher auf mediterranes Lebensgefühl: die Szene entspricht fast exakt einem Werbeplakat aus den Fünfzigerjahren für den „alten" Fiat 500.

2003 stellt Fiat für viele überraschend nach drei Jahren Entwicklungsarbeit auf der Frankfurter Automobilausstellung den Prototyp eines neuen Kleinwagens vor, der zunächst „Trepiùno" genannt wird. Die Formgebung der Karosserie durch das Turiner Centro Stile Fiat erinnert frappierend an das „Gesicht" des klassischen Fiat 500, dessen letztes Exemplar im Jahr 1975 vom Band lief. Und nicht nur Cinquecento-Enthusiasten sind begeistert – viele hoffen auf eine Neuauflage des legendären Kleinwagens. Die Zeiten dafür scheinen günstig:Die Retrowelle hat sowohl die Käfer-Neuauflage „New Beetle" von VW (1998) als auch einen modernisierten Mini (2001) auf den Markt gespült. Der von Fiat zwischen 1991 und 1998 gebaute Kleinwagen „Cinquecento" konnte trotz der Namensgebung nicht an den Mythos Fiat 500 anknüpfen. Der neue Wagen hingegen weckt Gefühle – vor allem Gefühle der Nostalgie.

Doch der Turiner Autobauer steckt zu dieser Zeit in einer tiefen Krise, die Absätze und Marktanteile im Automobilgeschäft sind dramatisch eingebrochen: Die wenigen in den letzten Jahren neu entwickelten Modelle haben nicht den Geschmack des Publikums getroffen. Zunächst fehlt also das Kapital, um eine neue Kleinwagenserie auf den Markt zu bringen, auch wenn das Retro-Konzept vielversprechend scheint:

Dieses Modell zeigt die optional erhältliche Karosserievariante mit der italienischen Trikolore an den Seiten. Ebenfalls erhältlich: eine Lackierung mit roten Rennstreifen, wie beim legendären Fiat 500 Sport.

Es gibt überwältigend viele Fans des alten Cinquecento – nicht überraschend bei einem Kleinwagen, den vor dreißig, vierzig Jahren so ziemlich jeder Führerscheinbesitzer in Italien (und nicht nur dort) einmal gefahren hat. Der Cinquecento weckt klar Emotionen – und das ist schließlich der Stoff, mit dem sich erfolgreich Marketing betreiben lässt. In unzähligen Anzeigen und Werbespots taucht der kleine, runde Wagen mit den Kulleraugen auf, symbolisiert südländische Lebensfreude und die Fähigkeit, auch am Steuer eines automobilen Zwergs eine „bella figura" zu machen. Aus diesem Grund übrigens küren 2006 die Leser des britischen Automagazins Top Gear den Fiat 500 zum „sexiest car".

Und auch jenseits der Nostalgiewelle, das beweisen die Heerscharen des bunten „Smart" in Italiens Altstädten, gibt es eine Nachfrage nach einem schicken und wendigen Kleinwagen. Als sich die neuen Fiat-Modelle „Grande Punto" und „Bravo" schließlich erfolgreich am Markt behaupten, ist endlich auch wieder Kapital da. Zugleich verdeutlicht der Erfolg des neuen Mini, dass ein Wagen im Retro-Styling auch am Markt erfolgreich sein kann. Das alles mag einen Ausschlag zur Serienentwicklung des

Seite 132: Zunächst 2003 als sehr futuristische Studie „Trepiùno" vorgestellt, kommt der neue Fiat 500 schließlich 2007 auf den Markt. In der endgültigen Formgebung knüpft er klar an die Formen seines berühmten Vorgängers an, mit Abmessungen von 355 cm Länge und 163 cm Breite ist er aber deutlich größer gegenüber den 287 cm Länge und 132 cm Breite des „alten".

*Im Gegensatz zum historischen Cinquecento hat der neue FIAT 500 Front-
antrieb, und ist in drei Varianten, mit 1,2-8V- und 1,4-16V-Vierzylinder-
Reihenmotor sowie als Multijet-Diesel erhältlich. So erreichen die neuen
Cinquecento-Modelle Spitzengeschwindigkeiten von 160 bis 182 km/h.*

Trepiùno gegeben haben. Nicht zuletzt aber der
Wunsch vieler, vor allem italienischer Fiat-Fahrer. Diese
zukünftigen Kunden beteiligt Fiat sogar per Internet an
der Entwicklung des neuen 500 – um ganz sicherzu-
gehen, diesmal keinen Flop zu landen. Technisch wird
die Cinquecento-Neuauflage dann innerhalb von nur
18 Monaten auf Grundlage der Fiat „Panda"-Plattform
zur Serienreife gebracht. Etwas anders als der legendäre Vorgänger ist der neue Cinquecento also keine
komplette Neukonstruktion.

Genau fünfzig Jahre nach der Präsentation des
klassischen Cinquecento stellt Fiat schließlich im Juli
2007 den „Neuen" vor, wieder unter großer
Anteilnahme aller Medien, inklusive des Internets. Im
September 2007 ist er dann einer der Stars der
Internationalen Automobilausstellung in Frankfurt.
Autojournalisten sind überzeugt: Kompakte Kleinwagen mit geringem Verbrauch sind der Trend der
Zukunft. Und Kleinwagen im nostalgischen Design liegen immer noch im Trend – zeitgleich mit dem Fiat 500
stellt Mini den „Mini Clubman" vor, eine Kombi-Version
des klassischen Mini. Von außen ist der neue Fiat 500
eine gelungene Neuinterpretation des „alten", die sich
klar an die runde Form des klassischen Kultautos
anlehnt – vor allem beim markanten „Gesicht" des 500

mit den runden Frontscheinwerfern und Blinkern.
Stark an die Frontgestaltung des Modells F von 1965
erinnert das mittige Fiat-Emblem mit den zwei
Chromzierleisten rechts und links. Doch in seinen
Abmessungen von 355 cm Länge und 163 cm Breite
ist der „Neue" deutlich größer als der historische Fiat
500. Glücklicherweise kann der neue Cinquecento so
nun ein Ladevolumen von immerhin 185 Litern bieten
– ganz im Gegensatz zu den notorischen Platz-
problemen beim „alten".

*Bei der Präsentation des „Neuen": Der alte Fiat 500 und die Anspielung
auf einen italienischen Witz – wie bekommt man Elefanten in einen
Cinquecento" Antwort: Tür auf, Elefanten rein, Tür zu.*

Das Styling des neuen Cinquecento vereint den
Look des Klassikers mit zeitgenössischer Technologie
– Sinnbild der Verbindung von Tradition und
Innovation, die Fiat hier anstrebt. Denn unter der vor-
deren Haube des neuen Fiat 500 befindet sich die
Technik des neuen „Panda" von 2003, und das
bedeutet: Frontantrieb. In drei Motorisierungen wird er
zunächst erhältlich sein: als 1,2- und 1,4-Liter-
Benziner (mit 8 bzw. 16 Ventilen) und als Diesel-
Multijet, jeweils mit Fünfganggetriebe. Die beiden
Benziner leisten 51 kW (69 PS) bzw. 55 kW (75 PS);
der Diesel-Multijet hat 1.248 cm³ Hubraum und 55 kW
(75 PS). Damit sollen die neuen Fiat 160 km/h (beim
Modell mit 1,2-Liter-Motor) bis maximal 180 km/h

Premier Romano Prodi (rechts) ist begeistert von neuen FIAT 500 und spricht von einer „italienischen Wiedergeburt". Neben ihm FIAT-Präsident Luca di Montezemolo, der seinen ersten Unfall mit dem Cinquecento seines Vaters baute und später als Rallyefahrer unter dem Pseudonym „Nero" im 500er-Rennen fuhr.

schnell sein (1,4-Liter-Motor-Version). Der neue Cinquecento hat damit deutlich mehr Power als der alte. Vielleicht hat das mit der leistungsstarken Konkurrenz durch die neuen Mini-Modelle zu tun, die aber noch deutlich kraftvoller motorisiert sind. Erste Fahrberichte beklagen übrigens – und das erinnert dann doch an früher – die recht „lahme" Beschleunigung zumindest der neuen Cinquecento-Benziner im Vergleich zum durchzugsstarken Multijet-Diesel. Doch im Gegensatz zu früher sind eben viel höhere Spitzengeschwindigkeiten drin. Sparsam aber ist er wie der alte mit einem Verbrauch von 5,1 Liter auf 100 km bei der Basisvariante (6,3 l/100 km beim 1,4-Liter-Modell). Damit schließt sich der neue

Cinquecento dem aktuellen Trend zur Umweltfreundlichkeit an, zu der auch niedrige Emissionen gehören: Alle Motormodelle erfüllen die Emissionsnormen Euro 4 und Euro 5, der Multijet-Diesel kommt natürlich mit einen Partikelfilter.

Den Cinquecento wird es zunächst in drei Ausstattungsvarianten geben: „Pop", „Lounge" und „Sport" (später soll noch ein Modell namens „Naked" hinzukommen). Im Innern besticht der neue Kompaktwagen, anders als seine meist spartanisch

Seite 136: Das Cockpit des neuen Cinquecento: Das zentrale Paneel entspricht der Karosseriefarbe, bei der Einfassung der Instrumente kann man zwischen den Farben Schwarz und Elfenbein wählen.

Staatspräsident Giorgio Napolitano lenkt hier den neuen Fiat am Quirinalspalast in Rom. Wie im Juli 1957 stellt man 500 auch im Juli 2007 das neue Modell sogleich dem italienischen Präsidenten vor. Auch diesmal ist bei der Probefahrt ein Rennsport-Star dabei: Michael Schumacher.

daherkommenden Ahnen, durch sehr reichhaltige serienmäßige Ausstattung, vor allem, was die Sicherheit angeht: sieben Airbags (an Front, Seiten, Fenster jeweils zwei, plus Knie-Airbag für den Fahrer), Bremsen-Antiblockiersystem und elektrische Servo-

lenkung. Das Fahrstabilitätsprogramm ESP ist allerdings nur beim großen Benziner serienmäßig. Ganz anders als beim alten kommt auch der Komfort beim neuen Cinquecento nicht zu kurz, der „Neue" soll gerade durch seine üppige Ausstattung begeistern.

Auch Premierminister Prodi darf ans Steuer des neuen Cinquecento. Auch er war früher Fiat-500-Fahrer, wie er der Presse verriet – in seiner Jugend borgte er sich öfter den seiner Schwester.

Immerhin erinnert die Form und die zweifarbige Gestaltung der Sitze an das Design der 50er Jahre. Sogar exklusive Lederbezüge sind anstelle der serienmäßigen Cordura-Kunstfaser gegen Aufpreis erhältlich – allerdings sind das 1.200 Euro mehr. Mit dem Rollverdeck oder Klappdach des alten Cinquecento hat das große Glasdach des neuen nur entfernt etwas gemein. Im alten Fiat 500 hätte man sicherlich von einem Detail wie einem serienmäßigen Duftspender nicht einmal geträumt, genauso wenig wie von einem Radio mit integriertem CD-Player und MP3-Funktion. Noch stärkerer Ausdruck des Willens zur Innovation bei der Kleinwagenausstattung ist das serienmäßige System „Blue&Me", mit dem sich Handys, MP3-Player und Navigationsgeräte an die bordeigene Stereoanlage anschließen lassen. Auch das Anzeigeinstrument auf dem Instrumententräger erinnert eher an die Kommandobrücke eines Raumschiffs als an einen Tachometer oder eine Uhr. Bei der Einfassung der Instrumente kann man zwischen den Farben Schwarz und Elfenbein wählen – und das ist erst der Anfang: „Personalisierung" heißt das Zauberwort. Oder „Qual der Wahl"? Aus knapp 49.000 möglichen Varianten – Extras, 12 Karosseriefarben, drei Polsterbezügen und neun Felgen – kann sich der stilbewusste Kunde „seinen" Cinquecento zusammenstellen. Das ist ein Resultat der Beteiligung der Fans per Internet an der Konzeption und Entwicklung des neuen Cinquecento. Außerdem im Angebot: Leichtmetallfelgen in verschiedenen Designs, verchromte Spiegelkappen, Chrombügel für den vorderen Stoßfänger, eine verchromte Halterung

Auch John Elkann, der stellvertretende Fiat-Vorsitzende und Enkel des verstorbenen Fiat-Präsidenten Giovanni Agnelli, fährt Cinquecento. Hier mit seiner Frau in Rom.

Der neue Cinquecento, so hofft Fiat, könnte sehr bald die italienischen Innenstädte erobern – und so dem Smart seinen Rang als meistverkaufter Kleinwagen in Italien streitig machen.

für die Nummernschildbeleuchtung und vieles mehr. Darüber hinaus sind als zusätzliche Karosserie-Optionen die italienische Trikolore, Barcode- und Schachbrettmuster sowie rote, seitliche Streifen an der Karosserie möglich – Reminiszenz an den „historischen" Fiat 500 Sport von 1958. Fiat will übrigens 2008 wieder eine von Abarth sportlich getunte Version vorstellen, mit 1,4-Liter-Turbo-Vierzylindermotor und 135 PS. Cabrio- und Kombi-Versionen sind ebenfalls geplant.

Mit einem Einstiegspreis von 10.500 Euro (für die Einfach-Ausstattung „Pop") ist der neue Fiat 500, wie sein mythischer Vorgänger, relativ erschwinglich. Für den großen Benziner und den Multijet-Diesel muss man in der Ausstattung „Sport" allerdings bis zu 14.500 Euro hinlegen. Damit ist der Cinquecento aber immer noch wesentlich billiger als der neue Mini, und auch Hauptkonkurrent Smart kann da nicht mithalten. Damit könnte es dem neuen Cinquecento gelingen, die Vorherrschaft des Smart als Italiens beliebtester Kleinwagen zu brechen.

Es sieht also gut aus für den neuen Fiat 500 und auch für Fiat selbst. Im September 2007 verkündet Fiat-Geschäftsführer Sergio Marchionne selbstbewusst: Fiat soll ein Trendsetter werden, wie der Computerhersteller Apple. Für so viel Selbstvertrauen besteht erstmals seit Jahren wieder Anlass. Nach der langen Durststrecke des Konzerns, die von wirtschaftlichen Rückschlägen und vom Tod des Firmenchefs Giovanni Agnelli 2003 geprägt war, konnte Fiat im ersten Halbjahr 2007 wieder Rekord-Umsätze präsentieren. Und schon ein paar Wochen nach der Vorstellung des neuen Cinquecento lagen 57.000 Bestellungen für den kleinen Flitzer vor – damit ist die Jahresproduktion 2007 schon verkauft. Der Turiner Konzern scheint am Ende der Talsohle angekommen, und es sieht so aus, als würde der neu aufgelegte Fiat 500 schon jetzt zum Symbol der Erneuerung der ganzen Marke „Fiat": Autos, die mehr sind als bloß fahrbare Untersätze – eben ein Mythos.

Geschäftsführer Sergio Marchionne möchte aus Fiat einen Trendsetter in Sachen Lifestyle machen, vergleichbar mit dem Computerhersteller Apple. Der neue Cinquecento, trendig und klassisch zugleich, könnte das in den letzten Jahren von Krisen gebeutelte Unternehmen aus der Talsohle führen.

Blick in den Innenraum des „Neuen", der ab Juli 2007 schon in Italien erhältlich ist, aber erst Ende 2007 in einigen Exemplaren zu Händlern nach Deutschland kommt. Das Design des Innenraums kombiniert Anklänge an die Gestaltung des historischen Cinquecento (vor allem an die Kunstledersitze des Modells mit Klappdach von 1959) mit modernem Design. Neben der serienmäßigen Cordura-Kunststoffvariante ist – gegen 1.200 Euro Aufpreis – beim neuen Cinquecento auch eine Lederausstattung im Angebot.

Der neue Fiat 500 verspricht ein Erfolg für Fiat zu werden: Nur wenige Wochen nach der offiziellen Vorstellung im Juli 2007 waren schon 57.000 Stück des neuen Kleinwagens vorbestellt und die Jahresproduktion 2007 somit schon verkauft. Für 2008 hat Fiat eine Erhöhung der Produktionszahlen von 120.000 auf 140.000 Stück angekündigt. Der neue Wagen aus Turin wird übrigens im polnischen Tychy, in der Nähe von Krakau, gebaut, wo auch der Ford Ka entsteht.

Quellen

Literatur:

gefahren und geprüft, Heft 48: Fiat 500. Bielefeld, 1966.

Jürgen Lewandowski, *Fiat Automobile. Die dynamische Entwicklung eines Weltkonzerns*. München, o. J.

Federico Paolini, *Un paese a quattro ruote. Automobili e società in Italia.* Venezia, 2005.

Walter Zeichner, *Kleinwagen International. Mobile, Kleinwagen und Fahrmaschinen der 40er, 50er und 60er Jahre von über 250 Herstellern aus aller Welt.* Gerlingen, 1990.

Internet:

http://www.einfach-autos.de/automobilclubs/fiat/

(Überblick über Fiat-Clubs und private Hompeages von Freunden des Fiat 500 und anderer Fiat Modelle in Deutschland)

http://www.fiat500.ch

http://www.fiat500online.de/CMS/

(zwei von vielen gut gemachten Fan-Seiten rund um den Fiat 500)

http://www.zuckerfabrik24.de

(Informationen, Daten, Bilder rund um den Topolino, aber auch ausführliche technische Daten zu anderen Fiat- und Steyr-Puch Modellen)

http://www.iglippe.de/links/links-europa.htm (Sammlung von Links zu Fiat-Clubs in ganz Europa)